热-结构耦合齿轮可靠性分析及其优化设计方法

于震梁　编著

查看彩图

北　京
冶　金　工　业　出　版　社
2023

内 容 提 要

本书阐述了齿轮在热－结构耦合状态下的可靠性分析及优化设计方法，主要内容包括齿轮可靠性、齿轮热行为等的技术现状，可靠性相关理论及方法，基于 PC-Kriging 和 Isomap-Clustering 策略的可靠性分析方法，基于 PC-Kriging 模型的热－结构耦合齿轮转子系统共振可靠性分析，基于 PC-Kriging 模型与主动学习的齿轮热状态传递误差可靠性分析和基于 APCK-SORA 的热－结构耦合齿轮优化设计。

本书可供从事齿轮热－结构耦合设计与分析、机械可靠性分析与方法研究等相关的工程技术人员阅读，也可供高等院校机械工程专业及相关专业师生参考。

图书在版编目(CIP)数据

热－结构耦合齿轮可靠性分析及其优化设计方法／于震梁编著．—北京：冶金工业出版社，2023.6

ISBN 978-7-5024-9528-2

Ⅰ.①热… Ⅱ.①于… Ⅲ.①齿轮传动—热弹性—耦合—动态—可靠性—研究 Ⅳ.①TH132.41

中国国家版本馆 CIP 数据核字(2023)第 100735 号

热－结构耦合齿轮可靠性分析及其优化设计方法

出版发行	冶金工业出版社	**电　　话**	(010)64027926
地　　址	北京市东城区嵩祝院北巷 39 号	**邮　　编**	100009
网　　址	www.mip1953.com	**电子信箱**	service@mip1953.com

责任编辑　王梦梦　美术编辑　吕欣童　版式设计　郑小利

责任校对　石　静　责任印制　窦　唯

北京印刷集团有限责任公司印刷

2023 年 6 月第 1 版，2023 年 6 月第 1 次印刷

710mm×1000mm　1/16；8.5 印张；164 千字；127 页

定价 66.00 元

投稿电话　(010)64027932　投稿信箱　tougao@cnmip.com.cn

营销中心电话　(010)64044283

冶金工业出版社天猫旗舰店　yjgycbs.tmall.com

(本书如有印装质量问题，本社营销中心负责退换)

前　　言

现代工业对齿轮的工作性能要求正朝着高速重载、高平稳性、高传动精度及高可靠性的方向发展，良好的动态特性和平稳可靠的工作状态能够提高机械装备整体的性能与寿命。高速重载齿轮在啮合过程中将产生较高的摩擦热量，导致在轮齿上形成较大的温度梯度。因此，齿轮的温升严重地影响其承载能力、传动性能及润滑性能等，加剧齿轮的振动和噪声，降低齿轮的可靠性，缩短齿轮的寿命。齿轮在工作过程中难免受到多种随机因素的影响，如外界载荷波动、环境的变化及齿轮材料热物理性能的变化等。

本书主要介绍在随机参数下考虑温升的高速重载齿轮的可靠性分析与优化方法。(1) 对高速重载齿轮进行可靠性分析时需用到隐式功能函数及有限元计算，因此需要大量的计算。为减少齿轮可靠性分析中对功能函数的调用次数和迭代次数，本书提出一种基于PC-Kriging 模型和 Isomap-Clustering 策略相结合的齿轮可靠性分析方法。(2) 本书介绍了根据该方法对随机参数下考虑温升的齿轮转子系统进行的共振可靠性分析及可靠性灵敏度分析，得出在温升影响下齿轮转子系统可靠性的敏感参数和非敏感参数，并在实际工程中尝试应用和进行探索性的研究。(3) 本书介绍了为提高齿轮传动精度开展的考虑温升的齿轮传递误差可靠性分析，提出了一种基于 PC-Kriging 模型与主动学习函数 LIF 相结合的可靠性分析方法。(4) 以齿轮副体积轻量化、保证传动平稳性及抗胶合能力最大为目标函数对随机参数下考虑温升的齿轮进行了可靠性优化设计，提出一种基于自适应 PC-Kriging 模型的改进序列优化与可靠性评定方法（SORA)。本书所提方法可为后续自适应性代理模型的可靠性优化设计方法的进一步探索及其在工程中的应用提供重要的参考数据和理论依据。

本书可供从事齿轮热－结构耦合设计与分析、机械可靠性分析与方法研究等相关的工程技术人员阅读，也可供高等院校机械工程专业及相关专业的师生参考。

由于作者水平所限，书中不妥之处，希望读者批评指正。

作　者

2023 年 1 月

目　　录

1 绪　论

1.1 概　述

可靠性作为一门由众多学科与技术高度结合的应用学科，是反映产品质量与安全的一项重要指标。经过几十年的发展，它已经被广泛应用于航空航天、舰船、汽车、机械工程、石化、医疗、通信设备等相关领域。随着现代工业的快速发展与科技创新，从国防军事到民用设备，可靠性的方法研究及其在现代工程中的应用已经与军事科技和民用科技的发展息息相关。随着可靠性方法与优化设计在工程实际中的应用，可靠性问题已越来越受到学术界和工程领域的重视。《机械工程学科发展战略报告（2021—2035）》从国家层面的学科战略角度出发，对机械工程领域结构可靠性总体发展趋势进行综合分析与研究，将可靠性理论及方法应用在机械工程实际中，并对产品与设备进行失效性评估和寿命预测的方法与模型研究，列为主体科学问题之一，指出机械零件与结构的可靠性评估及失效规律的研究及建立相应的安全评价理论与技术保障措施是未来发展的重要方向之一。

随着结构可靠性评估和优化在现代工程中发展的日益深入，结构可靠性与安全性指标也不断提升。齿轮具有结构紧凑、传动效率高、运行可靠等特点，是动力传输和运动传送最重要的机械结构，已广泛应用于核电、航空航天、汽车、船舶、采矿、冶金、机械产品及设备等领域。2022 年，我国齿轮行业总产值高达 3269 亿元，位居全球第一，已成为名副其实的齿轮制造大国。因此，设计与研发出具有高性能和高可靠性的齿轮对国家的工业发展具有举足轻重的作用。随着现代科学技术的不断进步，大型复杂的机械设备不断涌现，齿轮在现代工程中的应用正朝着高速重载、高精度和高可靠性等方向发展。近几十年来，国内外诸多学者从不同学科角度出发对齿轮的各方面性能进行了大量研究，如疲劳强度分析、动力学分析、非线性振动、结构优化设计、寿命预测、故障诊断等。据齿轮故障率统计，齿轮在传动设备中由失效引起的故障率约为 80%，而在旋转设备中由失效引起的故障率约为 10%。工程实践表明，高速重载齿轮不可避免地会因齿面之间的相互摩擦产生大量的热，同时在轮齿上产生较大的温度梯度和不均匀的温度场，从而严重影响了齿轮的承载能力、传动平稳性及可靠性等。随着“中国制造 2025”的提出和推广，越来越多的传统机械行业正向着精密化、自动化、高效化方向发展。所以对齿轮的传动精度要求及传动平稳性也提出了更高的要求，但齿轮的传递误差是无法避免的，如加工制造及装配过程中无法做到绝对准确，以及在传动过程中的弹性变形及温升产生的热变形等。因此，为了提高齿轮传动的精度和平稳性，对在高速重载下的齿轮传动考虑温升对其影响的可靠性分析就显得尤为重要。此外，齿轮温升也将导致其材料力学性能发生变化，这将会改变齿轮的固有频率，从而引起共振的发生。实验研究发现高速重载的轻型齿轮在其所有的失效形式中，共振失效是最具破坏性和隐蔽性的，发生破坏时通常十分突然且迅速。齿轮的固有频率与齿轮结构的各种随机因素也密切相关，为避免共振引起的齿轮失效，考虑随机参数在温升影响下齿轮共振的可靠性分析及灵敏度分析是具有研究价值的。综上所述，以轻量化、保证传动平稳性及抗胶合强度最大为目标函数，对考虑温升影响的高速重载齿轮进行优化设计更具有工程实际意义。

在温度影响下的齿轮固有频率和传递误差的检测往往受着很多因素的制约。如齿轮本身和检测设备及传感器精度都会对检测结果产生影响。因此，使用有限元模拟方法是一种有效的技术手段。然而，当对高度非线性或复杂的机械结构进行可靠性分析时，每次仿真分析通常非常耗时（几小时或几天），并且需要大量的有限元分析次数（几十次或数百次或更多）才能获得令人满意的结果，这在工程实际中是不可接受的。因此，近年来，代理模型技术在可靠性领域中得到了广泛应用和发展，如响应面、支持向量机、人工神经网络及 Kriging 模型。代理模型是通过构造显式表达式来近似隐式结构功能函数的方式来求解高度非线性、耗时的、隐式的工程可靠性问题。其中，Kriging 模型是一种精确的插值方法且具有随机性，不仅能提供采样点的预测值，还可以估计预测值方差，使其更广泛地用于结构工程可靠性分析。但该模型也有其自身的缺点，如不同基函数的 Kriging 模型的精度是不同的。如果有足够的试验设计点，则可以忽略基函数阶数的影响。在可靠性分析中，如果结构功能函数是隐式的并且 DoE 点的数量很小，则基函数的阶数越高，模型就越精确。然而，随着随机变量数量和多项式阶数的增加，基函数的项数也急剧增加，使得在高阶可靠性分析中 Kriging 模型的计算变得困难。为此，Schobi 等人提出了一种结合多项式混沌展开（PCE，Polynomial Chaos Expansion）和 Kriging 模型相结合的方法，即多项式混沌 Kriging（PC-Kriging）。与 Kriging 模型相比，PC-Kriging 模型的数值精度要优于单独的 PCE 或传统 Kriging 模型。对于可靠性分析来说，能够准确地近似极限状态附近的真实功能函数是可以被工程问题所接受的，而并不需要知道整个空间中的所有输出参数。因此，若干种自适应试验设计（DoE，Design of Experiments）策略已被构建，旨在有效地改善少样本点情况下 Kriging 模型的预测精度，并通过尽可能少地调用功能函数来执行结构可靠性分析。因此，开展较少样本下高精度的复杂结构可靠性评估研究具有十分重要的理论价值及工程实际意义。

为满足考虑温升影响下的高速重载齿轮共振失效及热传动平稳性等高性能的设计需求，从齿轮可靠性的方法研究出发，考虑随机参数在温升影响下的齿轮共振可靠性分析及灵敏度分析、考虑热状态的齿轮传递误差可靠性分析及受温升影响的齿轮可靠性优化设计等方面开展研究，旨在用尽可能少的结构状态函数计算次数得到较高精度要求的齿轮结构可靠性分析结果及优化设计。齿轮行业是工业水平的重要基础，也是展示工业实力的重要标志。因此，针对可以满足高性能及高可靠性要求的高速重载齿轮的研究对于我国从齿轮制造大国走向制造强国的发展具有重要的科学理论指导和工程实际意义。

1.2 研 究 现 状

1.2.1 结构可靠性研究现状

结构可靠性理论源于1947年由A. M. Freudenthal发表的名为《结构安全度》的文章。从此可靠性问题进入了学术界和工程界的视野。随后，Ржаницын提出了一次二阶矩的理论，并给出了计算结构失效概率和可靠性指标的方法。1968年，R. L. Disney和N. J. Sheth给出了计算各种组合下的常见应力和强度分布的可靠性公式。1969年，Cornell等人提出了基于均值的一次二阶矩法，其思想是将非线性函数在随机参数的平均值处作线性化处理，可靠性指标是直接用平均值和标准差来表示的，并将该理论引入到工程实际应用中。1974年，A. M. Hasofer等人提出了一种改进一次二阶矩的方法，该方法是采用失效域中最可能的失效点作为需要线性化处理的点来求解可靠性指标。1978年，Rackwitz和Fiessler提出了一种将服从非正态分布的随机变量转化成正态分布的方法，即“当量正态化”方法。1984年，赵国藩提出了适用于随机变量服从非正态分布时的可靠度分析方法，在国内较早地开展了可靠度理论方面的研究工作。同年，Breitung提出了二阶可靠度的求解方法，即对一阶可靠度法的求解结果进行二次修正的方法。1994年，李云贵和赵国藩采用拉普拉斯理论来求解随机变量在广义空间内的相关可靠度问题。随着可靠性技术在各工程领域中的广泛应用，工程问题中的极限状态函数通常是高维的、强非线性的或隐式的。上述方法在处理这类可靠性问题时不能取得令人满意的结果。Monte Carlo方法是一种通用的高精度可靠性分析方法。然而，为了得到精确解，其计算量是相当巨大的，因此限制了该方法的应用。通常只将Monte Carlo法作为验证其他方法的准确性来使用。为了提高Monte Carlo方法的计算效率，一些学者提出了改进的数值模拟方法。如1983年，A. Harbits提出了重要抽样法（IS，Importance Sampling），为了使更多的失效点落入失效域内使用重要抽样密度函数来代替原抽样密度函数，从而提高Monte Carlo

法的计算效率。1987 年，O. Ditlevsen 提出了方向抽样法（DS，Direction Sampling），它是在独立的标准正态空间的极坐标系中进行采样。使用插值或求解非线性方程代替一维随机采样来将原始随机变量空间降低一维。2004 年，G. I. Schueller 提出了线性抽样法（LS，Linear Sampling），基本思想是沿着标准法线空间中坐标原点的设计点方向进行采样。通过与这些重要方向上的采样点相对应的失效概率的平均值来估计故障概率。2007 年，宋述芳等人改进了线性抽样方法来针对高维小概率问题进行求解。2011 年，Miao 等人提出了一种“再生自适应子集仿真”方法的改进子集模拟的方法。2015 年，Papaioannou 等人提出一种基于马尔可夫链蒙特卡罗（MCMC，Markov Chain Monte Carlo）的自适应模拟方法。2018 年，M. A. Valdebenito 等人提出了一种以线性抽样法作后处理的小故障概率估计方法。虽然上述三种改进 Monte Carlo 方法在不同程度上降低了一些样本量，使收敛速度和计算效率都得到了一定程度的提高，但在工程应用中仍存在各自的弊端，尤其在遇到强非线性、高维或隐式问题时，其计算精度和效率仍不能满足工程实际要求。2019 年，Farid 等人将子集仿真、重要性抽样和控制变量技术相结合，提出了一种新的可靠性灵敏度分析方法。该方法包含了概率项（子集模拟快速移动）和自适应加权部分，提高了计算概率。2020 年，Song 等人提出了一种新的方法，称为全局不精确线抽样（GILS），以与经典线抽样相同的计算成本有效地估计故障概率函数。2021 年，André 等人研究了得分函数法和使用蒙特卡洛模拟的弱化法，提出了一种基于局部可靠性的敏感性分析的先验误差估计的方法。2022 年，An 等人通过建立 ASS 和定义更新因子来提高评估 RBDO 的概率约束的效率和稳健性，以提高可靠性优化过程的计算效率。

1.2.2 代理模型方法研究现状

近几十年来，特别在 2010 年以后代理模型方法如响应面、稀疏多项式、支持向量机、神经网络和 Kriging 模型等数学模型及代理模型与随机抽样法相结合的可靠性方法得到了广泛应用和发展。代理模型法的基本思想是构建一个真实极限状态函数的近似显式数学表达式，再通过可靠性分析方法如近似解析法、数值积分法、随机抽样法等进行可靠性分析，从而达到提高求解可靠性问题的精度和效率的目的。基于代理模型的可靠性分析方法的核心是用较少的样本点构造出满足精度要求的代理模型。采用不同的代理模型方法和不同数值模拟仿真方案（如有限元仿真分析）对可靠性结果精度及计算速度有着至关重要影响。

响应面方法是采用线性多项式或二次多项式来近似真实隐式状态函数的方法，由于其简单易懂且极易编程，因此其在早期的可靠性分析中应用较为广泛。在遇到大型复杂及高维的问题时，模型的项数增多导致样本点个数的增加，从而增加了该方法的计算量，降低了计算效率。因此，目前响应面法较多地应用于处理非线性程度不高且模型不太复杂的工程问题。为此，一些学者提出了采用稀疏多项式的方法来处理高非线性或高维数等可靠性问题，通过逐步回归法（包括向前选择法、向后消去法、最小角回归法等）选择“重要项”，再建立极限状态方程的近似表达式。采用该方法建立可靠性分析模型时，其“重要项”的选择是建模关键，决定着代理模型的精度。Efron 等人提出的采用最小角回归法来选择稀疏多项式中“重要项”的方法是被广泛认可的有效方法之一。Isukapalli 等人提出了一种基于多项式混沌展开响应面法，即随机响应面法。为提高响应面的拟合精度，Xiong 等人、Nguyen 等人和 Kaymaz 等人采用两个以上的权重因素来区分样本点，并采用广义最小二乘法来确定多项式响应面的各项系数，得到精度较高的多项式响应面。在此基础上，移动最小二乘响应面方法是更为灵活且可以处理非线性可靠性问题，但该方法的计算量要明显高于其他多项式响应面方法，导致计算效率较低，又因其很难选择出恰当的权重函数形式及其对应的参数，所以在工程应用中不是很广泛。

神经网络和支持向量机皆为机器学习算法，两种方法在结构可靠性分析的应用中也较为广泛。Chapman 等人首次将神经网络代理模型方法引入到结构可靠性分析中，进行了变工况条件下管路可靠性分析。Papadrakakis 等人采用神经网络代理模型方法与 Monte Carlo 数值模拟法相结合对弹塑性结构进行了可靠性分析，并对逆传播算法下不同的网络结构的失效概率及误差进行了比较。Jorge 等人从类型结构、误差函数、优化算法和样本提取等方面对结构可靠性分析中常见的 BP 网络法和 RBF 神经网络法进行详细比较，其分析结果对神经网络法在结构可靠性分析领域中的应用提供了借鉴。Deng 将有限元方法与神经网络法相结合，对矿室中的梁柱进行了可靠性分析，随后又进一步提出了神经网络法与其他可靠性方法相结合的方法。Jorge 等人针对神经网络法对数据的分类，提出了采用支持向量机进行结构可靠性分析的新思路。可靠性在工程中的应用常常会遇到一些失效概率较小的工程问题，针对这类问题，Bourinet 等人提出了将支持向量机和子集抽样法相结合的代理模型方法，该方法明显地提高了计算效率。Alibrandi 等人采用“重要方向”抽样的方式来确定代理模型训练样本，所得大部分样本点都落在设计点附近，与 Monte Carlo 抽样法和拉丁超立方抽样法相比具有明显优势。Richard 等人提出了一种自适应的样本采集方法，既可以保证样本点处于设计点附近的“重要区域”，又可以有效避免支持向量机训练样本过于集中的现象。

Kriging 模型是由 Krige 开发并应用在地理统计学中的一种代理模型，而后又被 Matheron 改进为一种非线性插值模型，不仅可以预测随机参数空间内各点状态函数值，还可以提供预测值的均方误差，也就是可以估计模型的误差，这是其区别于其他代理模型的最主要的特点。Giunta 等人将 Kriging 模型方法引入到多学科优化中进行了初步探索性研究。随后，Jones 等人提出了一种用于解决黑箱系统的全局优化算法。Romero 与 Kaymaz 等人将 Kriging 模型作为一种数据拟合技术应用到结构可靠性分析中，并与其他代理模型进行了对比研究。Bichon 等人借鉴了 Jones 等人采用 Kriging 模型进行全局优化的思路，提出了能够衡量样本点与极限状态方程间“距离”的 EFF（Expected Feasibility Function），并将其应用到可靠性分析中。Echard 等人提出一种用于指导选点策略的改善函数，即被广泛认可的 U 学习函数，并首次将 Kriging 模型与 Monte Carlo 抽样法相结合的可靠性分析方法（AK-MCS）。为提高 AK-MCS 在概率失效较小情况下的计算效率，Echard 等人又提出将 Kriging 与重要抽样法相结合的 AK-IS 方法。而后，国内学者 Huang 等人研究了 Kriging 与子集抽样法相结合的 AK-SS 可靠性分析方法，佟操等人改进了 AK-MCS 方法在收敛过程中过于苛刻的条件，并提出了将 Kriging 模型与重要抽样、子集抽样方法相结合的 AK-SSIS 可靠性分析方法。Lv 等人和 Yang 等人从不同角度出发，分别提出用于度量 Kriging 模型局部预测精度的学习函数 H 和 ERF（Expected Risk Function）。Wang 等人提出了包含概率密度函数、状态函数符号被误判概率和 Kriging 方差的学习函数 EI（Expected Improvement function）。孙志礼等人考虑单个点对改进 Kriging 模型整体精度的作用，推导出综合概率密度函数、状态函数 Kriging 预测统计分布信息的最小改进函数 LIF（Least Improvement Function）。Chen 等人提出了一种失败追踪采样框架，该框架能够采用各种代理模型或主动学习策略。在每次迭代中，有机地、顺序地考虑了随机变量的联合概率密度函数、候选点的个体信息及预测失效概率精度的提高。Zhang 等人为了提高高斯过程分类器的精度，考虑分类不确定性、采样均匀性和区域分类精度的提高，提出了一种将自适应高斯过程分类（GPC）和基于自适应核密度估计的 IS 相结合的新型结构可靠性分析方法 AGPC-IS。Li 等人针对小失效概率问题，提出了一种新的选择策略使所选 DoE 接近极限状态曲面（LSS）具有较好的预测能力。Xu 等人为解决高度非线性和隐式性能函数在结构可靠性分析问题，提出了一种高效主动学习函数——参数自适应期望可行性函数（PAEFF）。Zhou 等人基于自适应 Kriging 模型，为避免可靠性分析中采用随机模拟方法（包括蒙特卡罗模拟及其各种改进方法，如重要性抽样、子集模拟等）进行确定性响应分析的重复性和烦琐性，提出了一种基于信息熵理论实现的与 Kriging 代理模型相关的序列抽样策略。

除了 Kriging 模型外，支持向量机、各类多项式响应面、神经网络等代理模型均不是插值模型。在可靠性分析中，用于训练代理模型的样本量往往较少，且需要通过增加很少样本明显提高模型局部精度，在此情况下，作为插值方法的 Kriging 模型具有较明显优势。

1.2.3　齿轮热行为研究现状

Block 在 1937 年首次提出了相对摩擦的两物体热流量的一维简化方程，得到了闪现温度的近似求解公式，为评价轮齿的抗胶合能力提供了理论基础。随后，Jaeger 也推导出了与 Block 闪温公式相类似的表达式。Tobe 和 Kato 等人研究了在不同工况参数如转速、模数及齿廓修形对闪温的影响，以及闪温和摩擦热量在轮齿之间的分配比例，并对 Block 闪温公式进行了修正。Y. Terauchi 等人考虑了传动误差和啮合刚度对齿轮动载荷的影响分析，并研究了转速、载荷、润滑油及齿廓修形对齿面温度的影响。K. L. Wang 和 H. S. Cheng 采用有限元方法分析不同设计参数对齿轮本体温度场的影响。随后，Patir 和 Cheng 也通过有限元法进行了齿轮本体稳态温度场分析并研究了齿轮端面换热系数公式和齿面的摩擦热流量。Townsend 等人建立了二维有限元轮齿模型，分析了载荷、转速及齿轮浸油深度对齿轮温度的影响。结果表明：转速和载荷的增加会导致齿轮的平均温度和瞬态温度明显升高。Anifantis 等人在 Townsend 等人研究的基础上采用二维模型分析了主动轮与从动轮齿面间的对流换热系数和摩擦热量分配的比例及齿数比对平均温度和最大温度的影响。R. F. Hnadshchu 建立了三维齿轮有限元模型，并求出螺旋锥齿轮齿面的摩擦热流量的温度梯度分布，为分析复杂齿轮模型的温度提供了参考。

随着现代工业的迅速发展，20 世纪 90 年代初，国内不少学者也对齿轮的热行为特性进行了大量研究。刘辉等人建立了三维有限元齿轮的热系统计算模型并对全工况下斜齿轮轮齿进行了动态温度场分析。邱良恒等人采用有限元法对直齿本体温度场进行分析，并进行了齿轮热变形和修形计算，最后通过实验来验证了轮齿的修形效果。陈国定等人通过在空间域上采用有限元法和在时间域上采用有限差分法分析了斜齿轮本体温度场随时间变化的过程。钱作勤等人建立了齿轮点线啮合的数学模型，并对点线啮合齿轮的稳态温度场进行了有限元分析。吴昌林等人基于热网络分析法来确定边界条件并对齿轮和轴系进行了温度场分析。马漩等人采用热网络法在考虑润滑特性下，对武装直升机传动系统进行稳态温度场分析及实验研究。张永红等人建立了行星齿轮传动系统的发热和传热模型并对其进行了稳态温度场分析。李润方等人建立了齿轮热弹性耦合的接触有限元分析方法并对齿轮的温度场、应力场和位移场进行了分析，研究了齿面接触变形和热变形对法向接触应力的影响及转速、载荷和齿廓修形对温升的影响并采用半解析法对渐开线直齿轮进行了本体温度场的分析。龙慧等人建立了齿面热流密度和摩擦系数求解方法，并提出了高速齿轮传动瞬时接触温度的分析模型。邱良恒针对两直齿轮啮合的瞬态温度场进行了有限元分析。桂长林等人建立非稳态的齿轮本体温度场计算模型，并建立齿轮胶合失效的计算方法。李绍彬等人对高速重载工况下的齿轮进行了热弹性变形研究，采用有限元法方法对齿轮进行热弹耦合分析，并得到了其热变形和刚度曲线。李桂华和费业泰从对齿轮温度场分布和热应力的角度研究热变形，发现齿轮热变形后的齿廓曲线实际值和理论值的不重合，建立了热变形导致的齿廓曲线误差的计算公式，并分析该误差对齿轮传动精度的影响。

自2010年以后，国内外学者对齿轮的热行为进行了更为深入的研究。Shi等人对机车牵引齿轮本体温度和闪温进行了有限元分析，将模拟值和Block理论值进行了对比，发齿轮本体闪温的理论价值高于仿真值，这是因为Block闪温准则只考虑了垂直于齿面方向的热传导，忽视了其他方向的热传导。Chen等人分析了高速运转齿轮本体温度场的分布，对采用油雾润滑和喷油润滑的高速齿轮本体温度场进行了对比研究分析，研究表明：喷油润滑对高速齿轮的降温作用更明显。Wang等人建立了喷油润滑条件下齿轮啮合多阶段油液状态模型，并采用有限元方法对喷油润滑状态下的齿轮温度分布和热传递误差进行了分析，对比了实验结果，发现采用该方法对于研究喷油润滑条件下的齿轮温度有较高的精确度。姚阳迪等人研究了不同流换热系数及摩擦系数对齿轮热流量的影响。陆瑞成等人针对齿轮的热变形量及修形进行了分析研究。2012年，Wang研究了齿面温差引起的齿廓变化，并采用广义最小二乘法对有限元仿真结果进行数据拟合，得到了一种新的渐开线齿轮公式。Wang等人针对热变形对齿廓磨齿机的加工精度的影响进行了分析，对比发现分析与实测的结果基本相吻合。陈允睿等人研究了齿轮热变形对振动特性的影响，研究表明：热变形的增大将导致振动加速度的增大。吴尘探等人研究了热变形对齿轮振动和噪声的影响。Wang研究了齿轮温度场及齿轮表面沿齿厚和齿高方向的变形量，并计算了考虑热变形的齿轮传递误差，结果表明：考虑热变形时齿顶非渐开线误差最大，齿轮非渐开线误差无突变。2015年，王宇宁等人采用响应面法对齿轮接触疲劳进行了结构可靠性分析。薛建华等人提出了齿轮在油气混合物状态下的导热系数，并对齿轮温升与发生胶合之间的规律进行了研究。Wang建立了螺旋锥齿轮热弹耦合三维有限元模型，分析了螺旋锥齿轮的摩擦热产生和瞬态热行为。吴柞云等人研究了热变形对齿轮传动特性和摩擦磨损特性的影响。Li等人建立了考虑齿面摩擦等因素的混合弹流润滑模型，研究了不同转速度对齿面的闪温的影响。荀向锋建立单级直齿圆柱齿轮系统非线性动力学模型，该模型综合考虑齿面接触温度、时变啮合刚度、齿面摩擦等因素，针对齿面接触温度对系统动力学的影响进行了研究，结果表明：齿面的接触温度对系统动力学行为的影响较为明显。Liu等人采用VOF模型对油气混合时润滑油表面的状态进行计算，建立了考虑油气混合冷却的齿轮温度场计算模型。2017年，Zhang研究了摩擦热流量对齿面温升的影响，并从载荷剪切、混合润滑特性、接触区产生的热量等方面进行了热弹流耦合分析。同年，Li研究了齿轮传动非稳态温度场的三维分析和温度敏感性分析，摩擦热引起的表面温升降低了齿轮的承载能力和抗磨损能力。2018年，Li等人研究了综合考虑了齿轮加工误差和安装误差对螺旋齿轮齿面温度场的影响，结果表明：齿轮的齿面温度随着加工误差和安装误差的增大而增大。2019年，Li等人推导了考虑齿轮齿面不同情况下的摩擦热流和对流换热系数的计算公式。斜齿轮的摩擦热流与正齿轮的摩擦热流不同，计算方法不同。建立了热分析有限元参数化模型，利用 ANSYS 分析了不同参数对齿轮温升的影响，得到了正/螺旋齿轮的三维温度场分布。2020 年，Chen 等人采用热网络法对耦合系统的温度场分布进行预测分析，结果表明：电机输出功率、齿间摩擦系数和润滑油参数对降低耦合系统温度有较大影响。2021 年，Zhou 等人将齿轮分散为多个由热传导热阻和热对流热阻连接的温度单元，建立了齿轮体温和闪温的热网络模型，发现接触温度随齿宽、压力角和弹性模量的增加而降低，随转速和输入扭矩的增加而升高，结果表明，匹配合理的几何参数和工作参数有利于提高齿轮的抗磨损性能。2022 年，Ouyang 等人针对高速齿轮润滑中的强烈振动和高温会诱发空化导致的润滑不足和表面损伤问题，提出了一种结合空化模型、热效应和齿轮动力学的计算流体动力学方法。研究结果表明，高速下容易发生空化现象，且载荷减小和转速增大均加剧了啮合面上空化蒸汽的波动，表明啮合面上的侵蚀风险增大。在高速重载下，局部瞬时温度变得很高，最显著地加重了汽蚀，因此在这种情况下热效应不可忽视。

1.2.4 齿轮可靠性研究现状

齿轮作为应用最广泛的机械传动装置，经常扮演着传递载荷和传递运动的作用。提高其某些环节的平顺性对于设计和制造出高性能的齿轮是至关重要的。其次，齿轮良好的动态特性和平稳的工作状态是提高机械装备整体质量与性能的关键因素。而齿轮的失效往往会造成整机装备的无法运行，从而导致重大的经济损失、甚至人员伤亡。因此，有必要对齿轮的可靠性及其可靠性方法进行深入的研究。20 世纪 70 年代，美国宇航局在 Lundberg-Palmgreen 公式的基础上推导出了齿轮接触疲劳寿命和承载能力的关系式。Rao 等人进行了齿轮传动系统的可靠性分析，假设其随机参数如功率、转速、中心距及许用齿面接触应力等是服从正态分布的，并根据可靠性分析结果对齿轮传动进行了可靠性优化设计。Sarper 等人通过假设齿轮、轴承、轴等零件强度服从指数分布，求解了系统的可靠度解析表达式，结果表明：指数分布的假设是与工程实际存在差异的。孙淑霞等人采用三参数的威布尔分布分析了随机参数对齿轮可靠性的影响，并通过算例来证明其方法的可行性。Shareedah 等人采用 Monte Carlo 随机抽样估计分析了在不同载荷作用下的单级减速器齿轮受力情况的可靠度，并与之前其他方法进行了对比，发现所采用的方法优越性较为明显，但也同时存在着计算量非常巨大的弊端。吴波建立了齿轮接触疲劳和弯曲疲劳的多失效模式的可靠性分析模型，并在所建立模型中体现了齿轮接触疲劳和弯曲疲劳安全裕度的相关性。Nagamura 等人建立了服从三参数的威布尔分布的齿根弯曲疲劳裂纹扩展和寿命模型，并将其应用在渗碳钢齿轮齿根弯曲疲劳寿命的可靠性分析中。Yang 等人对比了材料线性疲劳损伤累积理论和其他两种修正的疲劳损伤累积理论在齿轮疲劳设计中的应用，研究表明修正后的疲劳损伤累积模型更接近试验结果。陶晋等人通过实验研究了 40Cr 调质钢齿轮的弯曲疲劳强度可靠性，拟合出齿轮的 R-S-N 曲线，并得到了可靠度与弯曲疲劳强度许用值的近似对应关系。He 等人在疲劳点蚀和各主要传动件（如齿轮、轴承、轴等）基于威布尔分布的个体可靠性模型基础上，建立了双减速器齿轮传动系统的寿命分布和可靠性模型，提出了齿轮减速器可靠性评估方法。Peng 等人将齿轮传动中载荷、材料参数及几何尺寸等视为随机变量，运用随机有限元方法估计齿轮齿面接触疲劳可靠度，并将计算结果与 Monte Carlo 方法进行对比以说明其提出方法的准确性。Zhang 等人提出了一种基于摄动法的齿轮传动可靠性设计方法，该方法可以较快速准确地得到圆柱齿轮的可靠性参数，并完成可靠性设计。Krol 等人提出了一种考虑外部约束和轴承支承的电力传动减速器圆柱齿轮传动可靠性分析方法及可靠性提升方法，该方法可以提高电力系统中齿轮减速器无故障运行时间。游世辉等人提出了一种利用 Taylor 级数的随机无网格点插值法（TSMPM），并采用该方法对齿轮齿根弯曲疲劳强度的可靠度进行了分析。胡青春等人建立了基于系统可靠度乘积理论的封闭行星齿轮系统的可靠度模型，并研究了负载、有效齿宽、功率分配系数等因素对零部件及系统可靠性的影响。秦大同等人研究了风力发电机齿轮传动系统的可靠性评估问题，并对齿轮、滚动轴承及整个传动系统进行了可靠性分析。吴上生等人根据齿轮的齿面接触疲劳强度与寿命的关系研究了齿轮传动可靠度计算方法，依据相互独立条件下串联系统可靠度的乘积理论，建立了两级行星齿轮系统的可靠度模型，研究了负载、行星轮个数、传动比分配等因素对系统可靠度的影响。Yang 等人分析了非正态随机参数圆柱齿轮副的可靠性灵敏度，提出基于可靠性灵敏度分析的改进设计方法，研究了设计参数对圆柱齿轮副可靠性的影响。Li 等人基于标准齿轮的齿廓渐开线方程和齿面过渡曲线方程，利用有限元软件建立了齿轮传动系统的参数化模型，利用数值计算得到了轮齿接触应力分布和最大接触应力，然后将每一个系统参数的输入极限状态方程转换成输出极限状态方程，进而利用极限状态方程计算系统可靠度和各变量的可靠性灵敏性。Deng 等人通过有限元模型计算直齿锥齿轮在啮合过程中的齿面接触应力和齿根弯曲应力，再根据损伤累积理论，估计锥齿轮的接触疲劳寿命和弯曲疲劳寿命。Su 等人进行了基于齿轮转子系统油膜与共振规律的研究，并采用随机摄动技术对考虑多阶固有频率相关性的齿轮转子进行了可靠性分析。Qiu 等人针对多随机参数齿轮转子系统的共振故障，提出了一种可靠性灵敏度分析方法。首先，推导了由确定参数控制的齿轮转子系统固有频率对应的特征向量。并采用瑞利商公式推导了系统固有频率的显式表达式，建立了齿轮转子系统在随机激励频率外载荷作用下共振可靠性灵敏度分析。Li 等人提出了一种对抗网络－平均方差平衡标记（CGAN-MBL）方法，以改善数据不足和不平衡的传动齿轮可靠性评估。仿真结果表明，该方法对实际变速器数据的不平衡学习是有效的。Cui 等人基于 Kriging 模型，提出了一种基于遗传算法的行星齿轮可靠性设计与优化方法。Masovic 等人在运行负荷和各种装配误差下，评估了蜗轮传动误差和初始接触模式。Liu 等人针对聚合物齿轮考虑小数据集情况的可靠性评估方法的不足问题，建立了基于机器学习的齿轮接触疲劳可靠性评估模型。

总之，国内外关于齿轮传动的可靠性研究多数围绕经验的解析方法，该类方法很难精确地分析考虑齿廓修形、安装误差、制造误差等对齿面接触应力、齿轮啮合刚度、传动误差、振动响应及齿面载荷等性能的影响。近年来，随着计算机硬件性能及数值仿真技术的快速发展，有限元数值仿真逐渐成为工程中应用最为常见的工具，将其与齿轮可靠度分析方法相结合并应用于工程实际已成为被广泛认可的方法之一。

1.2.5 可靠性优化设计研究现状

随着结构可靠度理论的成熟，基于可靠度的优化设计理论（RBDO，Reliability Based Design Optimization）也逐渐发展起来。RBDO 将结构可靠性分析理论和确定性优化设计技术有机联合起来，考虑载荷环境、材料参数、制造公差等不确定性因素，对结构的性能或成本进行优化。以概率约束代替传统的确定性约束，克服了传统优化的不足之处。RBDO 的思想最早是在 1924 年由 Forsell 提出的，他将结构优化问题归纳为最小化结构总费用的问题，结构总费用由初始费用（施工费和运行费）和失效费用（修理费和结构失效造成的损失费）两部分构成。1960 年 H. Hilton 和 M. Feigen 提出了基于元件可靠性的减重优化列式，将 RBDO 问题描述为解决如何把结构失效概率分配到各元件上，使结构失效概率满足需求且结构重量最轻的问题。根据概率约束的类型，RBDO 主要分为两类：可靠度指标法及逆可靠度方法。前期的 RBDO 用广义可靠度指标来描述概率约束，进行优化设计，即可靠度指标法。随后发展起来的逆可靠度方法是用功能度量等效当前设计点的失效概率，从而把一个目标简单、约束复杂的优化问题转换为一个目标复杂、约束简单的优化问题，大大降低了算法求解的难度。这两类方法实际上是用两种不同的视角来描述概率约束，其实质是等效的，且可以看作评估概率约束通用方法的两种特殊情况。根据整体优化策略，可将 RBDO 算法分为双层循环方法、单层循环方法和解耦方法。双层循环方法就是把 RBDO 的计算分为外层确定性优化、内层可靠度分析的两层嵌套循环。内层通过可靠度分析获取可靠度信息，然后将其带回到外层优化的概率约束中进行确定性优化，迭代直到找到最优解。再以概率约束类型划分，双层循环方法主要包括可靠度指标法（RIA，Reliability Index Approach）和功能度量法（PMA，Performance Measure Approach）。

RIA 是用可靠度指标约束代替可靠度的概率约束，Tu 和 Choi 用功能度量约束代替概率约束，提出逆可靠度的 PMA。该方法比 RIA 更容易收敛，具有高效稳健的优点。随后，Wu 等人利用 KKT 条件把逆可靠度优化列式转化为包含功能函数及其导数的迭代格式，建立了改进均值法（AMV，Advanced Mean Value）。该方法求解效率高，但如果随机变量非正态或者功能函数非线性程度很高时，会出现震荡不收敛的现象。Youn 等人分析了 AMV 函数震荡的原因，先后提出了共轭均值方法和混合均值方法。杨迪雄等人采用混沌原理分析了 AMV 方法产生周期解和混沌解的机理，建立了混沌控制（CC，Chaos Control）方法，通过减少当前步的迭代步长大大提高了收敛性。李刚和孟增将 CC 混沌控制方向分解，保留了稳定转换法在 β 方向步长上的控制而放松了切向的控制，使 MPTP 点一直处于半径为 β_t 的球面上，建立了基于修正混沌控制的 AMV 方法，保证稳健性的同时加快了收敛速率。随后，李刚和孟增等人在 MCC 基础上引入函数判定准则提出混合混沌控制策略，又根据随机变量在标准正态空间中迭代前后的变化规律，提出混沌控制因子更新策略，建立了自适应混沌控制（ACC，Adaptive Chaos Control）方法。单层循环方法为了提高计算效率，利用 KKT 优化条件或者改变优化列式去掉内循环，反复迭代求解后让随机变量和设计变量同时收敛到最优解。主要方法有 Liang 提出的单循环方法（SLA，Single Loop Approach）。解耦方法将可靠度分析的内层循环与确定性优化的外层循环分离解耦，一定程度上提升了计算效率。Du 和 Chen 提出的序列优化与可靠性评定方法（SORA，Sequential Optimization and Reliability Assessment），将确定性约束通过向量平移转换为概率约束，稳健性和高效性较好。程耿东、许林和易平先后在 RIA 和 PMA 方法中引入序列近似优化思想，建立了序列近似规划（SAP，Sequential Approximate Programming）。2010 年，Zhang 等人在基于 SORA 的策略下，提出了一种处理混合不确定性因素下的确定性优化问题的方法。随后，夏青等人在飞航导弹多学科设计优化中，考虑设计变量的不确定性，基于序贯优化和可靠性估计（SORA）的可靠性优化方法来提高导弹的可靠性。2015 年，一些学者还提出了全局优化的演化算法如遗传算法、蜂群算法、粒子群算法等。2018 年，Wang 等人基于齿轮修正系数对啮合刚度的影响，考虑了随机参数对齿轮修正的可靠性优化设计进行了研究。2019 年，Sun 等人提出了一种基于离散元素模拟的齿轮可靠性方法。以锥齿轮传动的最佳体积和可靠性为目标函数，通过遗传算法（GA）对齿轮的齿数、模数和面宽系数等基本参数进行优化。最后，通过蒙特卡洛方法验证了优化结果的准确性。2020 年，Hamza 等人提出一种新的 RBDO 求解方法。它将可靠设计空间（RDS）技术与基于自适应混合差分进化（AMDE）和 Nelder-Mead 局部搜索（NM）的高效混合算法（AMDE-NM）相结合。2021 年，Ghaderi 等人提出一种基于贝叶斯建模的用于复杂装配体的公差 - 可靠性分析和分配的新方法。

2022 年，Wei 等人为了有效求解工程中具有隐式失效可能性约束的 PBDO 模型，提出了一种基于自适应 Kriging 模型（AK-SOM）的序列优化方法。

采用优化设计来建立目标及约束，再进行可靠度分析，避免了大量耗时的高精度模型的可靠性分析计算，使可靠度优化设计方法的寻优效率得到明显提高。因此，采用代理模型技术进行可靠性优化设计是一个重要的研究方向且具有重要的工程价值。

1.3 主要内容和创新点

本书主要内容和创新点如下。

（1）可靠性相关理论及方法。简要介绍了可靠性分析理论中的基本概念和基本可靠性分析方法，包括极限状态函数、应力强度干涉模型、均值一次二阶矩、改进一次二阶矩、二次可靠性方法、数值积分法、Monte Carlo 法、重要抽样法、子集抽样法、代理模型法及可靠性优化设计等，为后续的章节奠定了理论基础。

（2）基于 PC-Kriging 和 Isomap-Clustering 策略的可靠性分析方法。构建 PC-Kriging 和 Isomap-Clustering 策略相结合的齿轮可靠性分析方法。PC-Kriging 采用稀疏多项式的最优截断集合为回归函数部分来近似数值模型的全局行为，而用 Kriging 来处理模型输出的局部变化。在基函数的建立上 PC-Kriging 采用最小角回归计算功能函数可能的多项式基函数集的数量，同时用 Akaike 信息准则来确定最优多项式形式。Isomap-Clustering 策略是结合 Isomap 降维和 k-means 聚类算法，在每次迭代中在极限状态附近添加几个有代表性的点来更新 PC-Kriging 模型的试验设计（DoE），并且将预测的极限状态迭代地“推”到真实的极限状态，直到满足停止条件。

（3）基于 PC-Kriging 模型的热－结构耦合齿轮转子系统共振可靠性分析。建立齿轮转子的三维有限元模型，并进行热－结构耦合下的固有频率和模态振型分析，对比考虑温度和不考虑温度影响的齿轮转子的固有频率和模态振型，发现温升将导致齿轮转子固有频率的降低，这是温升导致材料力学性能的下降进而导致其固有频率的降低；温升引起热应力并没有使各阶的固有频率都呈下降趋势；固有频率变化是温度场和热应力两个方面综合作用的结果，且由热应力引起的固有频率变化小于由材料力学性能引起的固有频率变化。并根据 PC-Kriging 模型和 Isomap-Clustering 策略可靠性方法对齿轮－转子系统进行可靠性分析及可靠性灵敏度分析。并确定出齿轮转子系统在温升影响下可靠性的敏感参数和非敏感参数。所提方法对研究工程实际问题提供了重要的理论依据和工程实际价值。

（4）基于 PC-Kriging 模型与主动学习的齿轮热状态传递误差可靠性分析。为提高受温升影响的齿轮误差可靠性分析的计算效率和精度，提出一种高效的基于PC-Kriging代理模型与主动学习函数LIF相结合的可靠性分析方法。在齿轮稳态热分析的基础上进行了热弹耦合接触分析。研究齿轮温度场的分布规律，对比分析主动齿轮和从动齿轮的非渐开线误差。研究表明：主动轮与从动轮均在齿顶处出现最大热变形量，并且从动齿轮的热变形量大于主动齿轮的热变形量，这是由于随着齿轮基圆半径的增大，齿轮的非渐开线误差也随之大。通过两个算例证明该方法的计算效率和精度，并对齿轮在热状态下的传递误差进行了可靠性分析。结果表明：与传统的Kriging代理模型相比，所提出方法在保证精度的同时可以极大地减少预测模型可靠性分析中的学习次数。

（5）基于APCK-SORA的热－结构耦合齿轮优化设计。提出自适应PC-Kriging模型的改进SORA优化算法，即自适应代理模型的可靠性优化设计方法。首先，为提高小失效概率及耗时的复杂结构可靠性评估精度和效率，提出了一种基于PC-Kriging（Polynomial-Chaos-based Kriging）模型与自适应*k*-means聚类分析相结合的自适应结构可靠性分析方法。自适应*k*-means聚类分析将空间分成若干个区域，并从每个区域选取一个最佳样本点，从而使多个区域同时达到提高PC-Kriging模型精度的目的。其次，将所提出的自适应PC-Kriging模型与SORA相结合构建基于自适应代理模型的可靠性优化方法，在该方法中采用自适应PC-Kriging模型来求解SORA优化算法中的可靠性部分，采用SORA优化算法进行优化设计。最后，将该方法应用到考虑温升影响的齿轮优化设计中，取得了良好的设计效果，为后续自适应性代理模的可靠性优化设计的方法研究和其在工程中的应用提供了重要的参考价值和理论依据。

2 可靠性相关理论及方法

2.1 概　　述

本章主要介绍可靠性基本概念及常见的可靠性分析方法，其中可靠性基本概念包括基本随机变量和极限状态函数与可靠度；可靠性分析方法包括近似解析法（均值一次二阶矩法、改进一次二阶矩法、二次可靠性法），随机抽样法（Monte Carlo 法、拉丁超立方抽样方法、重要抽样法、子集抽样法）和代理模型法及基于可靠性优化设计的双层循环方法、单层循环方法和解耦方法。本章内容为后续章节的可靠性方法叙述奠定理论基础。

2.2 可靠性基本概念

2.2.1 基本随机变量

在结构可靠性分析中，通常将材料性能、几何尺寸及边界条件等影响结构行为或响应量（应力、位移、寿命等）的不确定性因素定义为基本随机变量。由于随机变量存在着不确定性，结构的响应也存在着不确定性，最终导致工程结构能否完成规定的设计功能也存在着不确定性。在结构可靠性分析之前基本随机变量的统计规律应是已知的，否则将得不到响应量的统计规律。在进行可靠性分析时，基本随机变量函数的响应量是统计分布规律的基础和重要的研究内容。因此，在机械可靠性分析中，通常将机械系统中的加工或安装误差、材料力学性能、载荷等存在不确定性因素的参数作为基本随机变量，可表示为向量的形式，如 $\boldsymbol{x}=(x_1,x_2,\cdots,x_M)^{\mathrm{T}}$ 为影响机械系统正常运行状态的 M 个基本随机变量组成的向量，其中分量 $x_m(m=1,2,\cdots,M)$ 表示为第 m 个基本随机变量。

2.2.2 状态函数与可靠度

状态函数是用来描述系统状态的函数。在机械系统可靠性分析时，需建立与基本随机变量 $\boldsymbol{x}$ 相对应的函数 $G(\boldsymbol{x})$，以确保机械系统能够实现其规定的设计功能，并称 $G(\boldsymbol{x})$ 为状态函数，通常用含有 M 维随机因素的状态函数 $G(\boldsymbol{x})$ 来表示

$$G(\boldsymbol{x})=G(x_1,x_2,\cdots,x_M) \tag{2-1}$$

当状态函数 $G(\boldsymbol{x})=0$ 时，该状态函数称为极限状态函数，也称极限状态方程。当 $G(\boldsymbol{x})>0$ 时，状态函数 $G(\boldsymbol{x})$ 处于安全状态，认为机械系统能够完成其设计功能；当 $G(\boldsymbol{x})<0$ 时，状态函数 $G(\boldsymbol{x})$ 处于失效状态，认为机械系统无法完成其设计功能；显然，极限状态方程 $G(\boldsymbol{x})=0$ 是安全状态与失效状态的分界面。在机械可靠性工程中，通常将机械设备的安全域定义为 $S=\{\boldsymbol{x}\mid G(\boldsymbol{x})>0\}$，为机械设备的正常工作状态；失效域为 $F=\{\boldsymbol{x}\mid G(\boldsymbol{x})\leqslant 0\}$，为失效状态。

系统失效的概率称为失效概率 P_{f}，其表达式为

$$P_{\mathrm{f}}=P\{F\}=\{\boldsymbol{x}\mid G(\boldsymbol{x})\leqslant 0\}=\int_F f_X(\boldsymbol{x})\mathrm{d}\boldsymbol{x}=\int_{G(\boldsymbol{x})\leqslant 0} f_X(\boldsymbol{x})\mathrm{d}x$$

式中，$f_X(\boldsymbol{x})$ 为 $\boldsymbol{x}$ 的联合概率密度函数。

系统安全的概率称为可靠度 R，其表达式为

$$R=P\{S\}=\{\boldsymbol{x}\mid G(\boldsymbol{x})>0\}=\int_S f_X(\boldsymbol{x})\mathrm{d}\boldsymbol{x}=\int_{G(\boldsymbol{x})>0} f_X(\boldsymbol{x})\mathrm{d}\boldsymbol{x}$$

失效概率和可靠度之间的关系为

$$P_{\mathrm{f}}+R=1$$

图 2-1 所示为二维问题的安全域、失效域和极限状态。

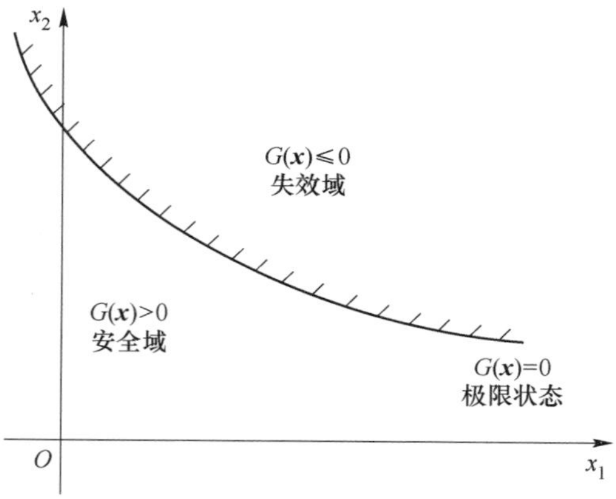

图 2-1　安全域、失效域与极限状态示意图（$M=2$）

2.3　常见可靠性分析方法

由 2.2 节可知，可靠性分析方法实质是统计基本随机变量与其结构响应之间的规律，并利用演绎推理方法通过基本随机变量的统计规律得出其响应的统计信息，如均值、方差、概率密度函数等，进而得出可靠性指标等参数。常见的可靠性分析方法大体分为两类即直接分析法和间接分析法，其中直接分析法又分为近似解析法、数值积分法和随机抽样法，而间接分析法是指代理模型法。

2.3.1 近似解析法

近似解析法是计算具有单一设计点的可靠性方法，其基本思想是将非线性化的功能函数进行线性化处理，即将非线性化功能函数做泰勒级数展开，并保留低次项，忽略高次项，然后利用基本随机变量的一阶矩和二阶矩来计算线性化后的功能函数的一阶矩和二阶矩，进而得到功能函数的失效概率、可靠度指标等。若基本随机变量 $\boldsymbol{x}$ 不服从正态分布，需采用 Rosenblatt 变换法或 Nataf 变换法将其变换为正态随机变量。近似解析法根据展开点的不同分为均值一次二阶矩法和改进一次二阶矩法，也可根据泰勒级数保留的阶数不同分为一次可靠性方法和二次可靠性方法。

2.3.1.1 均值一次二阶矩法

均值一次二阶矩法是将功能函数在基本变量 $\boldsymbol{x}$ 的均值点 $\boldsymbol{\mu}_x = (\mu_{x_1}, \mu_{x_2}, \cdots, \mu_{x_n})$ 处展开成泰勒级数，即

$$G(\boldsymbol{x}) = G(x_1, x_2, \cdots, x_n) \approx G(\mu_{x_1}, \mu_{x_2}, \cdots, \mu_{x_n}) + \sum_{i=1}^{n} \left(\frac{\partial G}{\partial x_i}\right)_{\boldsymbol{\mu}_x} (x_i - \mu_{x_i}) \tag{2-2}$$

式中，$\left(\frac{\partial G}{\partial x_i}\right)_{\boldsymbol{\mu}_x}$ 为功能函数 $G(\boldsymbol{x})$ 在均值点 $\boldsymbol{\mu}_x$ 处偏导数的值，根据式（2-2）中线性化后的功能函数和多维正态分布的性质，得到近似功能函数 $G(\boldsymbol{x})$ 的均值 μ_G 和方差 σ_G^2 的估计值，见式（2-3）。

$$\mu_G \approx G(\boldsymbol{\mu}_x) \tag{2-3}$$

$$\sigma_G^2 \approx \sum_{i=1}^{n} \left(\frac{\partial G}{\partial x_i}\right)_{\boldsymbol{\mu}_x} \sigma_{x_i}^2 + \sum_{i \neq j}^{n} \left(\frac{\partial G}{\partial x_i}\right)_{\boldsymbol{\mu}_x} \left(\frac{\partial G}{\partial x_j}\right)_{\boldsymbol{\mu}_x} \mathrm{Cov}(x_i, x_j) \tag{2-4}$$

由式（2-3）和式（2-4）可知，可靠性指标 β 为

$$\beta = \frac{\mu_G}{\sigma_G} \tag{2-5}$$

可靠度 R 和失效概率 P_{f} 分别为

$$R = \Phi(\beta) \tag{2-6}$$

$$P_{\mathrm{f}} = 1 - R = \Phi(-\beta) \tag{2-7}$$

2.3.1.2 改进一次二阶矩法

改进法（改进一次二阶矩法的简称）与均值法（均值一次二阶矩法的简称）相类似，区别在于均值法是将功能函数 $G(\boldsymbol{x})$ 在均值点处 $\boldsymbol{\mu}_x$ 进行泰勒级数展开，而改进法则是将功能函数 $G(\boldsymbol{x})$ 在最可能失效点（在极限状态方程 $G(\boldsymbol{x}) = 0$ 上离均值点 $\boldsymbol{\mu}_x$ 最近的点，又称设计点）$\boldsymbol{x}^*$ 处泰勒展开。因此，采用改进法时应首先求得功能函数 $G(\boldsymbol{x})$ 的设计点 x^*。

$$\boldsymbol{x}^* = \mathrm{argmin} \|\boldsymbol{x} - \boldsymbol{\mu}_x\| \tag{2-8}$$

$$G(\boldsymbol{x}) \approx G(x_1^*, x_2^*, \cdots, x_n^*) + \sum_{i=1}^{n}\left(\frac{\partial G}{\partial x_i}\right)_{P^*}(x_i - x_i^*) \tag{2-9}$$

由式（2-9）可得，功能函数 $G(\boldsymbol{x})$的均值 μ_G 和方差 σ_G^2 的估计值为

$$\mu_G \approx \sum_{i=1}^{n}\left(\frac{\partial G}{\partial x_i}\right)_{P^*}(x_i - x_i^*) \tag{2-10}$$

$$\sigma_G^2 \approx \sum_{i=1}^{n}\left(\frac{\partial G}{\partial x_i}\right)_{P^*}\sigma_{x_i}^2 + \sum_{i\neq j}^{n}\left(\frac{\partial G}{\partial x_i}\right)_{\mu_x^*}\left(\frac{\partial G}{\partial x_j}\right)_{P^*}\mathrm{Cov}(x_i, x_j) \tag{2-11}$$

将式（2-10）和式（2-11）代入式（2-5）~式(2-7）中，即可分别得到改进一次二阶矩法的可靠度指标 β、可靠度 R 和失效概率 P_f。

2.3.1.3　二次可靠性方法

当功能函数是线性的，采用均值法和改进法可以得到满意的计算结果，如可靠度指标和失效概率等。而在实际的结构中，随着功能函数非线性程度的升高，均值法和改进法将无法满足工程要求。二次可靠性方法是在改进一次二阶矩法的基础上，将极限状态函数在设计点处保留泰勒级数二次拓展项的方法。将功能函数 $G(\boldsymbol{x})$在设计点 $\boldsymbol{x}^*$ 处展开成保留二次项的泰勒级数。

$$g(\boldsymbol{x}) \approx -\boldsymbol{\alpha}^{\mathrm{T}}(\boldsymbol{x}-\boldsymbol{x}^*) + \frac{1}{2}(\boldsymbol{x}^* - \boldsymbol{x})^{\mathrm{T}}\boldsymbol{B}(\boldsymbol{x}^* - \boldsymbol{x}) \tag{2-12}$$

式中，

$$\boldsymbol{\alpha} = \frac{\nabla g(\boldsymbol{x}^*)}{|\nabla g(\boldsymbol{x}^*)|},\quad \boldsymbol{B} = \frac{\nabla^2 g(\boldsymbol{x}^*)}{|\nabla g(\boldsymbol{x}^*)|}$$

则运用二次可靠性方法估算所得失效概率近似公式为

$$P_f \approx \Phi(-\beta_F)\prod_{m=2}^{M}(1-\beta_F k_m)^{1/2} \tag{2-13}$$

式中，β_F 为由改进一次二阶矩法所得的可靠度指标；k_m 为极限状态方程在设计点处的曲率。

2.3.2　数值积分法

在可靠性分析中，求解失效概率本质上是求解多维的积分问题，当被积函数为隐函数时，其原函数通常是难以求解的。而采用数值积分法却能近似地计算这类积分问题。数值积分法是一种处理连续问题的离散化方法，通过数学推导可得数值积分公式为

$$\int_a^b f(x)\,\mathrm{d}x = \sum_{k=0}^{n} A_k f(x_k) + R[f] \tag{2-14}$$

式中，a 和 b 分别为积分的下限和上限；$x_k(k=0,\cdots,n)$为求积节点；$A_k(k=0,\cdots,n)$为求积系数；$R[f]$为求积余项。常见的数值积分法有点估计法和稀疏网格法。

点估计数值积分法首先采用数值积分计算极限状态函数的前若干阶矩，然后

在合理的假设下基于这些矩信息构造可靠度指标和失效概率的估计公式。为避免数值积分计算代价随输入变量维数呈指数增长，点估计法通常采用低维函数展开替代真实极限状态函数使高维积分转化为低维积分问题。

稀疏网格数值积分法也可用于高效求解极限状态函数的前若干阶矩。该方法通过 Smolyak 准则构造高维空间积分节点并求解每一积分节点对应的权重，剔除了空间中大量对积分精度贡献小的网格点，因此克服了传统数值积分计算代价随积分维数呈指数增长的缺点。点估计和稀疏网格数值积分法的优点是积分效率高，对于低维问题只需要很少的积分节点即可求得满足工程精度要求的结果。其缺点是计算代价随输入变量维数增长而增加。

2.3.3 随机抽样法

随机抽样法是以概率论中的大数定律为理论基础的可靠性分析方法。该类方法将失效概率或可靠度视为某一随机变量的数学期望，并对该随机变量进行大量的随机抽样，以随机样本的均值作为期望的估计。现有随机抽样方法主要有 Monte Carlo 法、重要抽样法（IS，Importance Sample）、子集抽样法（SS，Subset Simulation）、线性抽样法（LS，Line Simulation）、方向抽样法和截断抽样法等。本节将仅介绍 Monte Carlo 法、重要抽样法、子集抽样法。

2.3.3.1 Monte Carlo 法

Monte Carlo 方法又称为概率模拟法或统计试验法，是以概率论中的大数定律为基础的一种数值模拟方法。Monte Carlo 法作为最基本的抽样方法是对基本随机变量直接进行随机抽样，且对基本随机变量的分布类型没有要求。在进行可靠性及可靠性灵敏度分析时，首先是将所求问题转换为求解概率模型的期望值，并对该模型进行随机抽样，然后对求解的问题进行统计分析及对所得结果的方差进行估计。

Monte Carlo 法求解失效概率 P_{f} 的思路是：由基本随机变量的概率密度函数 $f_X(\boldsymbol{x})$ 产生 N 个基本变量的随机样本 $x_j(j=1,2,\cdots,N)$，将这 N 个随机样本代入功能函数 $G(\boldsymbol{x})$，统计落入失效域 $F=\{\boldsymbol{x}\,|\,G(\boldsymbol{x})\leqslant 0\}$ 的样本点数 N_{f}，用失效发生的频率 N_{f}/N 近似代替失效概率 P_{f}，就可以近似得出 P_{f} 失效概率估计值 $\hat{P}_{\mathrm{f}}$。

失效概率的精确表达式为基本变量的联合概率密度函数在失效域中的积分，可改写为式（2-15）所示的失效指示函数 $I_F(\boldsymbol{x})$ 的数学期望形式。

$$\begin{aligned} P_{\mathrm{f}} &= \int\cdots\int_{G(\boldsymbol{x})\leqslant 0} f_X(x_1,x_2,\cdots,x_n)\,\mathrm{d}x_1\mathrm{d}x_2\cdots\mathrm{d}x_M \\ &= \int\cdots\int_{R^M} I_F(\boldsymbol{x}) f_X(x_1,x_2,\cdots,x_n)\,\mathrm{d}x_1\mathrm{d}x_2\cdots\mathrm{d}x_M \\ &= E[I_F(x)] \end{aligned} \tag{2-15}$$

式中，$I_F(\boldsymbol{x})=\begin{cases}1 & 当\ x\in F\\ 0 & 当\ x\notin F\end{cases}$为失效域的指示函数；$R^M$ 为 M 维变量空间；$E[I_F(\boldsymbol{x})]$ 为数学期望算子。

将式（2-15）的数学期望值作为失效概率 P_f 的估计值

$$P_f \approx \hat{P}_f = \frac{1}{N_{MC}}\sum_{i=1}^{N_{MC}} I_F(\boldsymbol{x}_i) = \frac{N_{G\leqslant 0}}{N_{MC}} \tag{2-16}$$

式中，$N_{G\leqslant 0}$为落入失效域样本点的个数；N_{MC}为总样本点的数量。

由中心极限定理可知，当 $N_{MC}\to\infty$ 时，$N_{MC}\hat{P}_f$ 分布收敛于正态分布

$$N_{MC}\to\infty \Rightarrow N_{MC}\hat{P}_f \sim N[N_{MC}P_f, N_{MC}P_f(1-P_f)]$$

所以，

$$\mathrm{var}(\hat{P}_f)=\frac{P_f(1-P_f)}{N_{MC}}\approx\frac{\hat{P}_f(1-\hat{P}_f)}{N_{MC}} \tag{2-17}$$

可得 $\hat{P}_f$ 的变异系数为

$$\delta_{MC}\approx\frac{\sqrt{\mathrm{var}(\hat{P}_f)}}{\hat{P}_f}=\sqrt{\frac{1-\hat{P}_f}{N_{MC}\hat{P}_f}} \tag{2-18}$$

由式（2-18）可知，变异系数 δ_{MC}可用于估计失效概率估计值 $\hat{P}_f$ 的相对误差和 Monte Carlo 法随机抽样的停止条件。

$$\delta_{MC}\leqslant[\delta] \tag{2-19}$$

式中，$[\delta]$为给定的变异系数阈值。由式（2-18）和式（2-19）可知，当失效概率估计值 $\hat{P}_f$ 满足随机抽样停止条件式（2-20）时，

$$N_{MC}\hat{P}_f\geqslant\frac{1-\hat{P}_f}{[\delta]^2} \tag{2-20}$$

当失效概率 P_f 数量级较小时（如 $P_f<10^{-2}$），式（2-20）可近似为

$$N_{MC}\hat{P}_f\geqslant\frac{1-\hat{P}_f}{[\delta]^2}\approx\frac{1}{[\delta]^2} \tag{2-21}$$

显然，$N_{MC}\hat{P}_f$ 为 N_{MC} 个随机样本中失效样本的个数。由式（2-21）可知，Monte Carlo 法中 $\hat{P}_f$ 的变异系数的平方近似地与失效样本个数成反比。因此，也可将随机样本中失效个数（$N_{MC}\hat{P}_f$）作为 Monte Carlo 法的停止条件（将失效样本个数和变异系数作为停止条件是等效的）。

采用 Monte Carlo 法进行可靠度分析时，不难发现，样本数量越多其分析结果就越准确，相反，样本数量较少其分析结果偏差非常明显。又由于 Monte Carlo 法离散型较大，其抽样效率较低。

2.3.3.2　拉丁超立方抽样方法

拉丁超立方抽样方法是一种高效的抽样方法，广泛用于 Monte Carlo 随机模拟过程，其主要优点是：具有样本“记忆”功能，可以避免直接 Monte Carlo 抽

样法因数据点集中导致的重复抽样问题。对于相同精度要求的随机性问题，采用拉丁方抽样方法比采用直接 Monte Carlo 抽样法可以减少 20% ~40% 的循环仿真计算量。因此，拉丁方抽样方法可以有效减少有限元计算的次数，并提高 Monte Carlo 模拟的精度。

采用拉丁超立方抽样方法，获取 N 个随机变量样本的步骤如下：

（1）随机变量 $\boldsymbol{x}_j(j=1,2,\cdots,M)$ 的取值范围都被分成 N 个区间，使 $\boldsymbol{x}_j$ 在每个区间内取值的概率均为 $1/N$。

（2）从 $\boldsymbol{x}_j$ 的每个取值区间内随机选取一个代表值，如果区间数 N 太大，可取区间的中点值代替 $\boldsymbol{x}_j$ 在该区间内的取值。

（3）由于每个随机变量都有 N 个代表值，则 M 个随机变量共有 $N \cdot M$ 种随机变量的组合，拉丁方抽样方法的目标是从中选取 N 种组合，使每个代表值在这 N 种组合中均只出现一次。

（4）在 M 个随机变量中，随机选取每个随机变量的一个代表值进行第一次组合，再从 M 个随机变量剩余的 $N-1$ 个代表值中随机选取一个代表值进行第二次组合，接着从 M 个随机变量剩余的 $N-2$ 个代表值中随机选取一个代表值进行第三次组合，依次类推，完成抽样过程。

2.3.3.3 重要抽样法

在工程中，采用 Monte Carlo 法进行可靠性及可靠性灵敏度分析时，经常会遇到小概率问题，又由于 Monte Carlo 法生成的样本点是按照原始的联合概率密度函数，比较靠近基本随机变量的均值点，在采用 Monte Carlo 法分析小概率问题时，需要进行大量的随机抽样才能满足收敛条件，从而造成了抽样效率较低。

重要抽样法思想是通过改变抽样中心来提高样本点落入失效域的概率，进而获得较高的抽样效率及较快的收敛速度，即重要抽样法通过引入重要密度函数来代替原始抽样密度函数生成样本点。

引入重要抽样密度函数 $h(\boldsymbol{x})$，则结构失效概率的积分公式变换为

$$P_{\mathrm{f}} = \int I_{G\leqslant 0}(\boldsymbol{x}) f_X(\boldsymbol{x})\mathrm{d}x = \int I_{G\leqslant 0}(\boldsymbol{x})\frac{f_X(\boldsymbol{x})}{h(\boldsymbol{x})}h(\boldsymbol{x})\mathrm{d}\boldsymbol{x} = E\left[I_{G\leqslant 0}(\boldsymbol{x})\frac{f_X(\boldsymbol{x})}{h(\boldsymbol{x})}\right] \tag{2-22}$$

式中，$h(\boldsymbol{x})$ 为重要抽样密度函数。通过式（2-16）可得抽样函数为 $h(\boldsymbol{x})$ 时，P_{f} 的估计值为

$$P_{\mathrm{f}} \approx \hat{P}_{\mathrm{f}} = \frac{1}{N_{\mathrm{IS}}}\sum_{n=1}^{N_{\mathrm{IS}}}\left[I_{G<0}(\boldsymbol{x}_{\mathrm{IS},n})\frac{f_X(\boldsymbol{x}_{\mathrm{IS},n})}{h(\boldsymbol{x}_{\mathrm{IS},n})}\right] \tag{2-23}$$

式中，$\boldsymbol{x}_{\mathrm{IS},n}(n=1,\cdots,N_{\mathrm{IS}})$ 为来自概率密度函数 $h(\boldsymbol{x})$ 的独立同分布随机样本点，

N_{IS}为样本点个数。失效概率估计值 $\hat{P}_f$ 的方差为

$$\begin{aligned}\mathrm{var}(\hat{P}_f) &= \frac{1}{N_{IS}}\mathrm{var}\left[I_{G<0}(\boldsymbol{x}_{IS,n})\frac{f_X(\boldsymbol{x})}{h(\boldsymbol{x})}\right] \\ &= \frac{1}{N_{IS}}E\left[I_{G<0}(\boldsymbol{x}_{IS,n})\frac{f_X(\boldsymbol{x})}{h(\boldsymbol{x})}\right]^2 - \frac{1}{N_{IS}}E^2\left[I_{G<0}(\boldsymbol{x}_{IS,n})\frac{f_X(\boldsymbol{x})}{h(\boldsymbol{x})}\right] \\ &\approx \frac{1}{N_{IS}}\left\{\frac{1}{N_{IS}}\sum_{n-1}^{N_{IS}}\left[I_{G<0}(\boldsymbol{x}_{IS,n})\frac{f_X(\boldsymbol{x}_{IS,n})}{h(\boldsymbol{x}_{IS,n})}\right]^2 - \hat{P}_f^2\right\}\end{aligned} \tag{2-24}$$

变异系数为

$$\delta_{IS} \approx \frac{\sqrt{\mathrm{var}(\hat{P}_f)}}{\hat{P}_f} \tag{2-25}$$

通过选取恰当的重要抽样密度函数 $h(\boldsymbol{x})$ 可提高样本点落入失效域的概率，并减小估计值的方差。由于设计点是失效域中对失效概率贡献最大的点，因此通常将重要抽样密度函数的中心设在设计点或其附近，如图 2-2 所示。

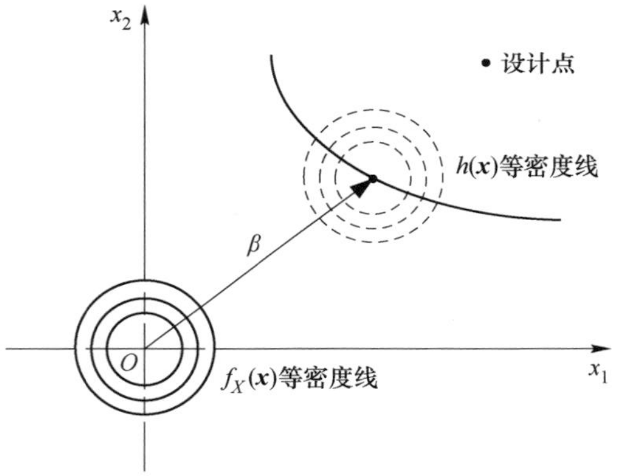

图 2-2　重要抽样示意图

2.3.3.4　子集抽样法

子集模拟法是通过引入中间失效事件并利用概率论乘法定理将小数量级失效概率事件转换成一系列较大条件概率的乘积形式。其基本原理为：假设功能函数 $G(\boldsymbol{x})$ 定义的失效域为 $F=\{\boldsymbol{x}\,|\,G(\boldsymbol{x})\leqslant 0\}$，并引入一系列临界值 $b_1>b_2>\cdots>b_T=0$，由这些临界值构造一系列中间失效事件 $F_t=\{\boldsymbol{x}\,|\,G(\boldsymbol{x})\leqslant b_i\}$ $(i=1,2,\cdots,T)$，如图 2-3 所示。此时失效域满足 $F_1\supset F_2\supset\cdots\supset F_T=F$，并且有 $F_t=\bigcap_{i=1}^{T}F_i(i=1,2,\cdots,T)$。

由概率论中条件概率定理可得

$$
\begin{aligned}
P_{\mathrm{f}} &= P\{F\} = P\left\{\bigcap_{i=1}^{T} F_i\right\} \\
&= P\left\{F_T \middle| \bigcap_{i=1}^{T-1} F_i\right\} \cdot P\left\{F_{T-1} \middle| \bigcap_{i=1}^{T-2} F_i\right\} \cdot \cdots \cdot P\{F_2 \mid F_1\} \cdot P\{F_1\} \\
&= P\{F_1\} \cdot \prod_{i=2}^{T} P\{F_i \mid F_{i-1}\} = \prod_{i=1}^{T} P_i
\end{aligned}
\tag{2-26}
$$

式中，$P_1 = P\{F_1\}$；$P_i = P\{F_i \mid F_{i-1}\}\ (i = 2, \cdots, T)$。

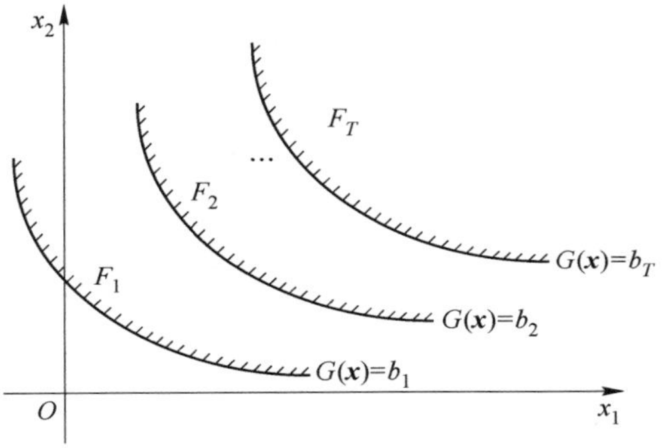

图 2-3 子集模拟抽样示意图

由上述可知，当失效概率很小，采用子集模拟法通过选取恰当的中间失效域，可提高计算失效概率的效率。然而，当 $P_{\mathrm{f}} = 10^{-4}$时，根据 Monte Carlo 法可知，$N_{\mathrm{MC}} = 10^6$ 以上才能满足估计的精度。此时，采用子集模拟法来模拟计算条件概率效率太低，因此，可采用马尔可夫链 Monte Carlo 法产生条件样本点，P_{f} 的估计值 $\hat{P}_{\mathrm{f}}$ 和方差 $\mathrm{var}(\hat{P}_{\mathrm{f}})$ 可参考式(2-17)和式(2-24)进行计算，此处不再赘述。

失效概率 P_{f} 的估计值及方差的表达式为

$$
\hat{P}_{\mathrm{f}} = \prod_{i=1}^{T} \hat{P}_i \tag{2-27}
$$

$$
\mathrm{var}(\hat{P}_{\mathrm{f}}) \approx \prod_{i=1}^{T} \left[\hat{P}_i^2 + \mathrm{var}(\hat{P}_i)\right] - \hat{P}_{\mathrm{f}}^2 \tag{2-28}
$$

2.3.4 代理模型法

常见的代理模型法有：人工神经网络法（ANN，Artificial Neural Network），支持向量机法（SVM，Support Vector Machine）、响应面法（RSM，Response Surface Method）及 Kriging 代理模型法等。与近似解析法和随机抽样法不同，代理模型法是通过构造显式表达式 $\hat{G}(x)$来近似隐式状态函数表达式 $G(x)$的方式来求解复杂的、耗时的及状态函数为隐式的工程问题。其中，Kriging 代理模型是在结构工程可靠性分析中应用较为广泛的。Kriging 模型在 20 世纪五六十年代由 Krige 和 Matheron 提出并应用于地质统计学中。近年来，Kriging 模型被应用到可靠性分析中。与其他代理模型相比，Kriging 模型有两个明显优势：Kriging 模型由一个确定的部分和随机过程组成。多项式部分是目标函数的一般趋势，随机过程部分表明了模型的预测误差。因此，Kriging 模型不仅提供功能函数在变量空间中任意点的函数值，也提供相应的均方误差即 Kriging 方差。多项式部分一般采用最小二乘多项式拟合，随机部分可以有多种形式，包括球状模型、指数模型、高斯模型、幂函数模型及空洞效应模型等。

根据 Kriging 模型可以提供预测值和方差这一特点，一些学者提出学习函数的概念。建立适当的学习函数来自主的寻找最佳样本点并添加到样本空间中，并不断地更新模型，使 Kriging 模型更快地达到规定的精度。

2.4　可靠性优化设计的基本理论

可靠性优化设计方法是将可靠性分析方法和优化设计方法结合在一起，将可靠度指标要求作为目标函数或者是约束函数，使用最优化的求解方法进行求解，最终满足可靠性要求的最佳设计变量的数值方法。可靠性优化设计方法是一种解决不确定性问题的高效、准确的方法，所以寻求更加合理的可靠性优化设计方法成为目前学者们积极研究的方向。

2.4.1　可靠性优化设计数学模型

可靠性优化设计是在可靠性计算的基础上进行的优化设计，可靠性优化设计考虑了设计中各变量的随机性，比传统优化设计模型更接近实际工况。因此，可靠性优化设计不但能定量满足产品在运行中的可靠度，而且能使功能参数获得最优解，所以是更具工程实用价值的综合设计方法。可靠性优化设计包括：以失效概率（可靠度极值）作为目标函数和以失效概率（可靠度指标）作为约束函数，进行优化设计达到最佳性能的指标。

（1）在实际工程中如果对失效概率有明确的要求，例如失效概率 $P_{\mathrm{f}} \leqslant P_{\mathrm{limit}}$，把这种要求转化为优化模型中约束条件。假设随机设计变量为 $\boldsymbol{x}$，随机参数 p，确定性变量为 d，则建立以失效概率为约束条件的数学模型为

$$
\begin{aligned}
&\text{设计变量} \quad \boldsymbol{\mu}_x, \boldsymbol{\mu}_p, \boldsymbol{d} \\
&\text{优化目标} \quad \min f(\boldsymbol{\mu}_x, \boldsymbol{\mu}_p, \boldsymbol{d}) \\
&\text{约束条件} \quad P\{G(\boldsymbol{x}, \boldsymbol{p}, \boldsymbol{d}) \leqslant 0\} \leqslant P_{\mathrm{limit}} \\
&\qquad\qquad\quad Z(\boldsymbol{\mu}_x) \leqslant 0, Z(\boldsymbol{\mu}_p) \leqslant 0, Z(\boldsymbol{d}) \leqslant 0
\end{aligned}
$$

其中，$\boldsymbol{\mu}_x$ 是随机设计变量向量 $\boldsymbol{x}$ 的均值；$\boldsymbol{\mu}_p$ 是随机参数向量 $\boldsymbol{p}$ 的均值；

$f(\boldsymbol{\mu}_x,\boldsymbol{\mu}_p,\boldsymbol{d})$为优化目标函数；$P_{\text{limit}}$是失效概率；$Z(\boldsymbol{\mu}_x)\leqslant 0, Z(\boldsymbol{\mu}_p)\leqslant 0, Z(\boldsymbol{d})\leqslant 0$表示取值空间的约束条件；$G(\boldsymbol{x},\boldsymbol{p},\boldsymbol{d})$ 为表示失效的功能函数，$G(\boldsymbol{x},\boldsymbol{p},\boldsymbol{d})>0$ 表示发生失效，$G(\boldsymbol{x},\boldsymbol{p},\boldsymbol{d})<0$ 表示不发生失效，$G(\boldsymbol{x},\boldsymbol{p},\boldsymbol{d})=0$ 为极限状态方程。

（2）在实际工程上对失效概率没有明确的要求，一般把概率最小化作为优化目标。则建立以失效概率为目标函数的数学模型为

设计变量　$\boldsymbol{\mu}_x, \boldsymbol{\mu}_p, \boldsymbol{d}$

优化目标　$\min P\{G(\boldsymbol{x},\boldsymbol{p},\boldsymbol{d})\leqslant 0\}$

约束条件　$Z(\boldsymbol{\mu}_x)\leqslant 0, Z(\boldsymbol{\mu}_p)\leqslant 0, Z(\boldsymbol{d})\leqslant 0$

2.4.2 可靠性优化设计模型求解

基于可靠性的优化设计（RBDO，Reliability Based Design Optimization）分析方法是在所有可行的设计方案中寻找最优的设计方案，可以将失效概率降低到一个设定的上限之下，或者提高或改进设计的可靠性。RBDO 可以在给定的风险和目标可靠度水平条件下，定量的考虑不确定性因素的影响。传统的可靠性优化分为双循环方法、单循环方法和解耦方法。

（1）双循环方法（DLM，Double Loop Method），它的求解过程是双层嵌套的循环过程。外部循环是优化，内部循环是可靠性分析，从而得到含有可靠性概率约束的问题最优解。每一次的优化迭代均需要计算每一个概率约束，可靠性分析是嵌套在优化循环中的，因此一旦功能函数计算需要的计算量十分巨大时，该方法就将变得不可行。所以研究人员提出了可靠性优化的近似方法，其主要思路是利用单循环的搜索形式。

（2）单循环方法（SLM，Single Loop Method）是将可靠性分析与优化分开，分别执行。在可靠性优化方法进行分析时，一般将分析过程分成两个部分，第一部分是设计变量的确定性优化，第二部分是进行可靠性分析，在标准正态变量空间内求解可靠性指标。在进行可靠性分析时，将最可能失效点处建立的确定性约束来近似代替可靠性约束，得到确定性优化的解后，在对可靠度指标求逆解出最可能失效点，迭代循环直至满足优化迭代收敛条件。但是当可靠性约束为高度非线性函数时，很难找到一个确定性函数去代替这个复杂的约束函数，计算精度无法保证，很可能得到错误的结果或者发生计算结果不收敛的情况。

（3）解耦方法，是一种同时兼顾计算精度和求解效率的可靠性优化设计的求解方法，因而该方法应用较为广泛。解耦方法的中心思想是把外层优化循环和内层可靠性分析循环两个部分序列进行的方法，每次经过外层优化循环得到一个优化解，然后根据内层可靠性分析循环对优化解进行可靠性评估，并且计算出最可能失效点，然后再进行外层优化循环，按照这样的顺序序列进行，直至达到收敛终止条件。

根据以上分析，本小节选用序列优化与可靠性评估（SORA，Sequential Optimization and Reliability Assessment）的解耦方法。SORA 采用序列单回路策略，将确定性优化和可靠性分析解耦。在进行优化时，引入一个近似确定性约束代替概率约束进行优化，优化和可靠性分析相互独立，每次在优化获得的最优点处评估可靠性，并修正最可能失效点处的约束，每次修正后的概率约束要落入可行域内，再次进行确定性优化，直至满足收敛停止条件。

3 基于 PC-Kriging 和 Isomap-Clustering 策略的可靠性分析方法

3.1 概　述

工程结构中的输入变量往往受各种随机性的影响，因而把输入作为随机变量来分析结构可靠性是很有必要的。对于一个给定的结构，其功能函数 $G(\boldsymbol{x})$ 将输入空间划分为两个域，即安全域 $[G(\boldsymbol{x})>0]$ 和失效域 $[G(\boldsymbol{x})\leqslant 0]$，它们的边界 $[G(\boldsymbol{x})=0]$ 是极限状态方程。研究结构的失效概率可以定义为

$$P_{\mathrm{f}} = \int_{G(\boldsymbol{x})\leqslant 0} f_X(\boldsymbol{x})\,\mathrm{d}\boldsymbol{x} \tag{3-1}$$

式中，$\boldsymbol{x}$ 为 M 维随机输入向量 $[\boldsymbol{x}=(x_1,x_2,\cdots,x_M)^{\mathrm{T}}]$；$f_X(\boldsymbol{x})$ 为 $\boldsymbol{x}$ 的联合概率密度函数（PDF）。结构可靠性分析的主要任务是完成式（3-1）中的积分，这就将工程中出现的较为复杂且耗费时间的真实功能函数 $G(\boldsymbol{x})$ 的求解变成了一个难以计算且棘手的问题。若干种方法包括一次二阶矩法和二次二阶矩法（FORM 和 SORM）、随机模拟法、代理模型法等，已经被研究并改进。

在工程中功能函数通常是隐式的，极大地限制了 FORM 和 SORM 的应用。作为最稳健的方法，蒙特卡洛模拟（MCS）理论上可以满足任何精度要求。然而，它需要多次调用功能函数，这通常是不切实际的。若干个替代的模拟技术，如重要抽样（IS）、线性抽样（LS）和子集模拟（SS）等得到了应用。但当结构数值模型是隐式的或耗时的，现有的方差缩减方法显然不够有效。近年来，代理模型方法（主要包括多项式响应面、支持向量机法（SVM）、神经网络法和 Kriging 代理模型法）已被广泛使用。基于代理模型的方法是构造一个显式表达式 $[\hat{G}(\boldsymbol{x})]$ 作为真实功能函数值 $[G(\boldsymbol{x})]$ 的近似，然后用 $\hat{G}(\boldsymbol{x})$ 代替式（3-1）中的 $G(\boldsymbol{x})$ 来估计目标失效概率。本章将采用 Kriging 模型作为理论基础来研究所提出的可靠性分析方法，与其他替代模型相比，Kriging 是一个插值模型，并提供了预测的准确性度量，这是其最重要的优势。它在结构可靠性分析、全局优化、灵敏度分析等方面被广泛应用。

为尽可能少地调用功能函数来执行结构可靠性分析，若干种自适应试验设计策略已被构建。受 Jones 等人为全局优化所提出的期望改进函数（EIF）的启发。Bichon 等人提出期望可行性函数（EFF）来衡量一个未测试点与极限状态的接近

程度，并将 Kriging 模型的下一个最有可能失效点定义为 EFF 最大的点。Echard 等人通过将 Kriging 模型与 MCS(AK-MCS) 相结合，开发出一种可靠性分析方法，其中最好的下一个点是根据其所提出的学习函数 U 定义的。学习函数 U 是测量 Kriging 模型在某个预测点上功能函数值的符号错误的概率。它也被使用在 AK-IS、AK-SS 和 AK-SSIS。吕震宙等人、杨学峰等人从不同的角度衡量了功能函数值符号的认知不确定性，分别构建了学习函数 H 和期望风险函数（ERF）。孙志礼等人提出了一种创新的学习函数为最小改进函数（LIF，Least Improvement Function），它可以定量地测量一个未测试的点对失效概率估计值的改善程度。

3.2　PC-Kriging 模型

随着工程结构的数值模型变得越来越复杂及需要花费的计算时间越来越多，一种高效的结构可靠性分析智能算法是亟需的。为了减少结构可靠性分析过程中功能函数调用次数和迭代次数，提出一种新的 Isomap-Clustering 试验设计（DoE）策略。根据 PC-Kriging 模型提供的统计信息，可靠性分析中最有可能失效的点在被预测的极限状态上。因此，结合 Isomap 和 k-means 聚类算法，每次迭代中在被估计的极限状态附近添加几个有代表性的点来更新 PC-Kriging 模型的 DoE，并且将预测的极限状态迭代地“推”到真实的极限状态，直到满足停止条件。采用所提出的 DoE 策略和 PC-Kriging 模型，构造了结构可靠性分析方法，其停止准则是由推导确定的。PC-Kriging 采用稀疏多项式的最优截断集合为回归函数部分来近似数值模型的全局行为，而用 Kriging 来处理模型输出的局部变化。在基函数的建立上 PC-Kriging 采用最小角回归（LAR）计算功能函数可能的多项式基函数集的数量，同时用 Akaike 信息准则（AIC）来确定最优多项式形式。

3.2.1　Kriging 模型

Kriging 代理模型是一种精确的插值方法且具有随机性，不仅能提供未采样点的预测值，还能对预测方差进行估计，Kriging 模型由两部分组成：确定性的部分和随机过程。通常采用如下表达形式。

$$G(\boldsymbol{x}) = \boldsymbol{F}(\boldsymbol{\beta},\boldsymbol{x}) + z(x) = f^{\mathrm{T}}(\boldsymbol{x})\boldsymbol{\beta} + z(\boldsymbol{x}) \tag{3-2}$$

$$\boldsymbol{F}(\boldsymbol{\beta},\boldsymbol{x}) = \beta_1 f_1(\boldsymbol{x}) + \beta_2 f_2(\boldsymbol{x}) + \cdots + \beta_p f_p(\boldsymbol{x}) = [f_1(\boldsymbol{x})\cdots f_p(\boldsymbol{x})]\beta = \boldsymbol{f}^{\mathrm{T}}(\boldsymbol{x})\boldsymbol{\beta}$$

$$\boldsymbol{F} = \begin{bmatrix} f_1(x_1), & f_2(x_1)\cdots & f_p(x_1) \\ \vdots & \vdots & \vdots \\ f_1(x_m), & f_2(x_m)\cdots & f_p(x_m) \end{bmatrix}$$

式中，$\boldsymbol{F}(\boldsymbol{\beta},\boldsymbol{x})$ 为模型的确定性部分；$z(\boldsymbol{x})$ 为随机性部分；$\boldsymbol{f}(\boldsymbol{x})$ 为确定性部分的

基函数；$\boldsymbol{\beta}$ 为系数向量。在设计空间中，$\boldsymbol{f}(\boldsymbol{x})$提供模拟的全局近似，即 $G(\boldsymbol{x})$的数学期望；而$z(\boldsymbol{x})$提供模拟局部偏差的近似，即 $G(\boldsymbol{x})$的局部变化。$z(\boldsymbol{x})$服从正态分布 $N(0,\sigma^2)$，但是协方差非零，即不独立，但是同分布。$z(\boldsymbol{x})$的协方差矩阵为

$$\mathrm{Cov}[z(\boldsymbol{x}_i),z(\boldsymbol{x}_j)]=\sigma^2\boldsymbol{R}(\boldsymbol{x}_i,\boldsymbol{x}_j;\boldsymbol{\theta}) \tag{3-3}$$

式中，$\boldsymbol{R}(\boldsymbol{x}_i,\boldsymbol{x}_j;\boldsymbol{\theta})$为 N 个样本点中任何两个样本点 $\boldsymbol{x}_i$ 和 $\boldsymbol{x}_j$ 的空间相关方程，它对模拟的精确程度起决定性作用，它是由用户自定义的。Sacks、Koehler 和 Owen 详细描述了几种可供选择的相关方程。其中计算效果最好，被广泛采用的相关方程是高斯相关方程。N 是已知的设计变量的数量，x_k^i 和 x_k^j 是样本点 $\boldsymbol{x}_i$ 和 $\boldsymbol{x}_j$ 的 k^{th} 分量。参数 θ_k 和 δ_k 分别是相关性参数、光滑程度参数，它们保证了相关方程在计算中足够大的灵活性。当 $\delta_k=1$ 时，对应于 Ornstein-Uhlenbeck 方程，处处连续但不可微；当 $\delta_k=2$ 时，是无限可微的。

$$\boldsymbol{R}(\boldsymbol{x}_i,\boldsymbol{x}_j;\boldsymbol{\theta}) = \prod_{k=1}^{N}\exp[-\theta_k|x_k^i-x_k^j|^{\delta_k}] = \exp\left(-\sum_{k=1}^{N}\theta_k|x_k^i-x_k^j|^{\delta_k}\right) \tag{3-4}$$

下面介绍如何确定相关方程中的参数 θ_k。

通常用已知训练样本的响应值的线性组合来估计任一个给定样本的响应，$\boldsymbol{Y}$ 为与已知训练数据点对应的响应值。

$$\boldsymbol{Y}=\{y_1(\boldsymbol{x}),y_2(\boldsymbol{x}),\cdots,y_N(\boldsymbol{x})\}^{\mathrm{T}}$$

用其线性组合来估计任一个给定样本的响应，即

$$\hat{\boldsymbol{y}}(\boldsymbol{x})=\boldsymbol{w}(\boldsymbol{x})^{\mathrm{T}}\boldsymbol{Y} \tag{3-5}$$

式中，$\boldsymbol{w}(\boldsymbol{x})$为待求的响应值的权系数向量；$\boldsymbol{w}(\boldsymbol{x})=\{w_1,w_2,\cdots,w_m\}^{\mathrm{T}}$；$\boldsymbol{Y}$ 为与实验点对应的响应值，$\boldsymbol{Y}=\{y_1(\boldsymbol{x}),y_2(\boldsymbol{x}),\cdots,y_N(\boldsymbol{x})\}^{\mathrm{T}}$。

预测值和真实值之间的偏差为

$$\hat{\boldsymbol{y}}(\boldsymbol{x})-\boldsymbol{y}(\boldsymbol{x})=\boldsymbol{w}(\boldsymbol{x})^{\mathrm{T}}\boldsymbol{Z}-z+(\boldsymbol{F}^{\mathrm{T}}\boldsymbol{w}(\boldsymbol{x})-f(\boldsymbol{x}))^{\mathrm{T}}\boldsymbol{\beta} \tag{3-6}$$

式中，$\boldsymbol{Z}=[z_1,z_2,\cdots,z_m]^{\mathrm{T}}$ 为实验数据点的误差。

这里是用已知点通过 Kriging 来预测真实值，通过真实值的线性组合来表示预测值。

由于预测过程无偏，偏差的均值为零。则

$$E[\hat{\boldsymbol{y}}(\boldsymbol{x})-\boldsymbol{y}(\boldsymbol{x})]=0\Rightarrow\boldsymbol{F}^{\mathrm{T}}\boldsymbol{w}(\boldsymbol{x})=f(\boldsymbol{x}) \tag{3-7}$$

偏差的方差为

$$\mathrm{var}[\hat{\boldsymbol{y}}(\boldsymbol{x})-\boldsymbol{y}(\boldsymbol{x})]=\sigma^2(1+\boldsymbol{w}(\boldsymbol{x})^{\mathrm{T}}\boldsymbol{R}\boldsymbol{w}(\boldsymbol{x})-2\boldsymbol{w}(\boldsymbol{x})^{\mathrm{T}}\boldsymbol{r}) \tag{3-8}$$

采用拉格朗日法，求解最小化偏差的方差问题可以得到 $\boldsymbol{w}(\boldsymbol{x})$。

$$\begin{cases}\text{find} & \boldsymbol{w}(\boldsymbol{x})\\ \min & \mathrm{var}[\hat{\boldsymbol{y}}(\boldsymbol{x})-\boldsymbol{y}(\boldsymbol{x})]\\ \text{s. t.} & \boldsymbol{F}^{\mathrm{T}}\boldsymbol{w}(\boldsymbol{x})-f(\boldsymbol{x})=0\end{cases}$$

引入拉格朗日乘子可得

$$L(\boldsymbol{w},\boldsymbol{\lambda})=\sigma^2(1+\boldsymbol{w}^{\mathrm{T}}\boldsymbol{R}\boldsymbol{w}-2\boldsymbol{w}^{\mathrm{T}}\boldsymbol{r})-\boldsymbol{\lambda}^{\mathrm{T}}(\boldsymbol{F}^{\mathrm{T}}\boldsymbol{w}-\boldsymbol{f}) \tag{3-9}$$

式（3-9）关于参数 $\boldsymbol{w}$ 的梯度为

$$\frac{\partial L(\boldsymbol{w},\boldsymbol{\lambda})}{\partial \boldsymbol{w}}=2\sigma^2(\boldsymbol{R}\boldsymbol{w}-\boldsymbol{r})-\boldsymbol{F}\boldsymbol{\lambda}=0 \tag{3-10}$$

由最优化问题的一阶必要性条件，可得

$$\begin{bmatrix}\boldsymbol{R} & \boldsymbol{F}\\ \boldsymbol{F}^{\mathrm{T}} & \boldsymbol{0}\end{bmatrix}\begin{bmatrix}\boldsymbol{w}\\ \tilde{\boldsymbol{\lambda}}\end{bmatrix}=\begin{bmatrix}\boldsymbol{r}\\ \boldsymbol{f}\end{bmatrix}\Rightarrow\begin{cases}\boldsymbol{R}\boldsymbol{w}+\boldsymbol{F}\tilde{\boldsymbol{\lambda}}=\boldsymbol{r} & (1)\\ \boldsymbol{F}^{\mathrm{T}}\boldsymbol{w}=\boldsymbol{f} & (2)\end{cases} \tag{3-11}$$

其中，$\tilde{\boldsymbol{\lambda}}=-\dfrac{\boldsymbol{\lambda}}{2\sigma^2}$。

由式（3-11）中的(1)$\boldsymbol{w}=\boldsymbol{R}^{-1}(\boldsymbol{r}-\boldsymbol{F}\tilde{\boldsymbol{\lambda}})$，代入（2）得

$$\boldsymbol{F}^{\mathrm{T}}\boldsymbol{R}^{-1}(\boldsymbol{r}-\boldsymbol{F}\tilde{\boldsymbol{\lambda}})=\boldsymbol{f}$$

$$\boldsymbol{F}^{\mathrm{T}}\boldsymbol{R}^{-1}\boldsymbol{r}-\boldsymbol{F}^{\mathrm{T}}\boldsymbol{R}^{-1}\boldsymbol{F}\tilde{\boldsymbol{\lambda}}=\boldsymbol{f}$$

$$\tilde{\boldsymbol{\lambda}}=(\boldsymbol{F}^{\mathrm{T}}\boldsymbol{R}^{-1}\boldsymbol{F})^{-1}(\boldsymbol{F}^{\mathrm{T}}\boldsymbol{R}^{-1}\boldsymbol{r}-\boldsymbol{f}) \tag{3-12}$$

所以

$$\boldsymbol{w}(\boldsymbol{x})=\boldsymbol{R}^{-1}[\boldsymbol{r}-\boldsymbol{F}(\boldsymbol{F}^{\mathrm{T}}\boldsymbol{R}^{-1}\boldsymbol{F})^{-1}(\boldsymbol{F}^{\mathrm{T}}\boldsymbol{R}^{-1}\boldsymbol{r}-\boldsymbol{f})] \tag{3-13}$$

代入 $\hat{\boldsymbol{y}}(\boldsymbol{x})=\boldsymbol{w}(\boldsymbol{x})^{\mathrm{T}}\boldsymbol{Y}\Rightarrow\hat{\boldsymbol{y}}(\boldsymbol{x})=\boldsymbol{f}(\boldsymbol{x})^{\mathrm{T}}\hat{\boldsymbol{\beta}}+\boldsymbol{r}(\boldsymbol{x})^{\mathrm{T}}\boldsymbol{R}^{-1}(\boldsymbol{Y}-\boldsymbol{F}\hat{\boldsymbol{\beta}})$，即为 Kring 代理模型的表达式，第二项为预测残差的插值以保证拟合曲面通过实验数据点。

$\boldsymbol{R}$ 对称，$\boldsymbol{R}^{\mathrm{T}}$ 可逆$\Rightarrow(\boldsymbol{R}^{-1})^{\mathrm{T}}=(\boldsymbol{R}^{\mathrm{T}})^{-1}$，$\hat{\boldsymbol{\beta}}=(\boldsymbol{F}^{\mathrm{T}}\boldsymbol{R}^{-1}\boldsymbol{F})^{-1}\boldsymbol{F}^{\mathrm{T}}\boldsymbol{R}^{-1}\boldsymbol{Y}$ 为 Kriging 模型的多项式系数，方差的估计值为 $\hat{\sigma}^2=\dfrac{1}{m}(\boldsymbol{Y}-\boldsymbol{F}\hat{\boldsymbol{\beta}})^{\mathrm{T}}\boldsymbol{R}^{-1}(\boldsymbol{Y}-\boldsymbol{F}\hat{\boldsymbol{\beta}})$。

这里 $\hat{\sigma}^2$ 和 $\hat{\boldsymbol{\beta}}$ 都与 $\boldsymbol{\theta}$ 有关，利用极大似然估计法，使以下对数似然函数最大，即

$$\hat{\boldsymbol{\theta}}=\underset{\theta}{\mathrm{argmax}}(-N\ln(\hat{\sigma}^2)-\ln[\det(\boldsymbol{R})])$$

将其等效为最小优化问题为

$$\min\{|\boldsymbol{R}|^{\frac{1}{N}}\hat{\sigma}^2\}_{(\theta>0)}$$

通过求解 $\min\{|\boldsymbol{R}|^{\frac{1}{N}}\hat{\sigma}^2\}_{(\theta>0)}$ 最小优化问题，得到参数 $\boldsymbol{\theta}$，便可构造出 Kriging 预测模型。

多维正态的概率密度函数为

$$f_\eta(x_1,\cdots,x_N)=\frac{1}{(2\pi)^{N/2}|\mathrm{Cov}|^{\frac{1}{2}}}\exp\left\{-\frac{1}{2}(x-u)'\mathrm{Cov}^{-1}(x-u)\right\} \tag{3-14}$$

式中，Cov 为协方差矩阵，$\mathrm{Cov}[z(\boldsymbol{x}_i),z(\boldsymbol{x}_j)]=\sigma^2\boldsymbol{R}(\boldsymbol{x}_i,\boldsymbol{x}_j;\boldsymbol{\theta})$。

似然函数为

$$L(u,\sigma^2) = \prod_{i=1}^{N} \frac{1}{\sqrt{2\pi\sigma^2 \boldsymbol{R}}}\exp\left[-\frac{1}{2\sigma^2}(x-u)^2\right]$$
$$= (2\pi)^{-N/2}\sigma^{-N}\boldsymbol{R}^{-N/2}\exp\left[-\frac{1}{2\sigma^2}\sum_{i=1}^{N}(x-u)^2\right] \tag{3-15}$$

从而有 $LnL = -\frac{N}{2}\ln(2\pi) - \frac{N}{2}\ln(\sigma^2\boldsymbol{R}) - \frac{1}{2\sigma^2}\sum_{i=1}^{N}(x-u)^2$，这里 σ^2 是一个数，$\boldsymbol{R}$ 是一个矩阵，在行列式的计算中把 σ^2 提出来，$LnL = -\frac{N}{2}\ln(2\pi) - \frac{N}{2}\ln(\sigma^2)^N(\boldsymbol{R}) - \frac{1}{2\sigma^2}\sum_{i=1}^{N}(x-u)^2$，第一项和第三项为 0，第二项为 $-\frac{N}{2}[N\ln(\hat{\sigma}^2) + \ln|\boldsymbol{R}|] = -\frac{1}{2}\{N\ln(\hat{\sigma}^2) + \ln|\boldsymbol{R}|\}$。

关于平均值的问题考虑 Kriging 在预测过程中有无限可能，预测的并不是真实值，而是把所有的可能值求平均作为真实值。

3.2.2 多项式展开

多项式展开（PCE，Polynomial Chaos Expansion）方法也称为频谱扩展（spectral expansion），是由 Ghanem 和 Spanos 在 1991 年提出的基于一系列多元 Hermite 多项式的近似计算模型且与随机输入变量的联合概率分布是正交的。随后，PCE 方法发展成为广义多项式混沌展开（gPCE，generalized Polynomial Chaos Expansions），以使具有不确定性的输入变量在不同类型多项式中得到应用。为求解偏微分方程，PCE 在侵入式方法中也被实现了。作为一种替代方法，非侵入性 PCE 方法得到了发展，特别是在两种经典的方法中，即投影法和回归法。投影法使用正交基多项式通过蒙特卡罗模拟（MCS，Monte Carlo Simulation）或正交计算系数，回归法是基于模型输出及其近似值之间误差的最小二乘法技术。在回归方法中通过选择微分算法如最小角度回归和压缩采样算法等最近又开发了许多类型的多项式混沌截断方案。

假定输入向量 $\boldsymbol{x}$ 受到不确定性因素的影响并可由一个特定的随机向量概率密度函数（PDF，Probability Density Function）$f_X(\boldsymbol{x})$ 表示。因此，模型响应也可由 $\boldsymbol{Y} = M(\boldsymbol{x})$ 的随机变量来表示。在概率空间 $(\boldsymbol{R}^M, \boldsymbol{B}_M, \boldsymbol{P}_X)$ 中，$\boldsymbol{B}_M$ 是 $\boldsymbol{R}^M$ 的 Borelσ-代数，$\boldsymbol{P}_X$ 是 $\boldsymbol{x}$ 的概率测度，也就是有 $\boldsymbol{P}_X(\mathrm{d}\boldsymbol{x}) = f_X(\boldsymbol{x})\mathrm{d}\boldsymbol{x}$。

为了简单起见，只考虑一个标量 $\boldsymbol{Y}$ 的响应，即 $\boldsymbol{Q} = 1$ 的情况。注意，对向量值的模型响应 $\boldsymbol{Y}$，而接下来派生的向量是分量的形式。另一方面，假设 $\boldsymbol{Y}$ 有一个有限的方差，即 $E[\boldsymbol{Y}] < \infty$。换言之，假设 $\boldsymbol{Y}$ 属于 $\boldsymbol{X}$ 的 $\boldsymbol{P}_X$ 平方可积泛函的空间 $L^2 \equiv L^2(\boldsymbol{R}^M, \boldsymbol{B}_M, \boldsymbol{P}_X)$。则定义内积如下

$$<\mathrm{g}(\boldsymbol{X}),\mathrm{u}(\boldsymbol{X})> \equiv \mathrm{E}[\mathrm{g}(\boldsymbol{X})\mathrm{u}(\boldsymbol{X})]$$

可引出范数为

$$\|\mathrm{g}(\boldsymbol{X})\| \equiv \sqrt{<\mathrm{g}(\boldsymbol{X}),\mathrm{g}(\boldsymbol{X})>} \equiv \sqrt{\mathrm{E}[\mathrm{g}(\boldsymbol{X})]} \tag{3-16}$$

可知，L^2 是具有内积$\langle .,. \rangle$的希尔伯特空间。

假设输入随机变量 $\boldsymbol{x}$ 是独立的，则 $\boldsymbol{Y}$ 为正交多项式的基，见式（3-17）。

$$\boldsymbol{Y} \equiv M(\boldsymbol{X}) = \sum_{\alpha \in \mathbf{N}^M} \boldsymbol{a}_\alpha \boldsymbol{\varphi}_\alpha(\boldsymbol{X}) \tag{3-17}$$

则 L^2-范数是级数收敛的，$\boldsymbol{a}_\alpha$ 为未知的确定性系数；$\boldsymbol{\varphi}_\alpha$ 为多元标准正交多项式且与输入随机向量 $\boldsymbol{X}$ 属于概率同分布。$\boldsymbol{\alpha}=\{\alpha_1,\cdots,\alpha_M\}$ 为输入变量为 M 维的下标。式（3-17）中的级数通常称为多项式混沌（PC）展开式。

由于输入随机变量 $\boldsymbol{X}_i$ 的分量是独立的，$f_{X_i}(x_i)$是 $\boldsymbol{X}_i$ 的边缘概率密度函数，其内积可定义为

$$<\phi_1,\phi_2>_i = \int_{D_1} \phi_1(\boldsymbol{x})\phi_2(x) f_{X_i}(x_i)\,\mathrm{d}x \tag{3-18}$$

对任意两个函数都存在积分$<\phi_1,\phi_2>$，D_i 为随机变量 $\boldsymbol{X}_i$ 的子集。输入随机变量的联合概率密度函数(PDF)$f_X(\boldsymbol{x})$可以转换为

$$f_X(\boldsymbol{x}) = \prod_{i=1}^{M} f_{X_i}(x_i) \tag{3-19}$$

式中，考虑一个关于$f_{X_i}(x_i)$的正态多项式的族$\{\pi_j^{(i)}, j\in \mathrm{N}\}$，即

$$<\pi_j^{(i)}(X_i),\pi_k^{(i)}(X_i)> \equiv \mathrm{E}[\pi_j^{(i)}(X_i)\pi_k^{(i)}(X_i)] = \delta_{jk} \tag{3-20}$$

$\pi_j^{(i)}(X_i)$、$\pi_k^{(i)}(X_i)$为第 i 个变量的两个备选单变量多项式，δ_{jk}为 Kronecker 函数，当 $j=k$ 时函数值为 1，否则函数值为 0。其他一些经典的标准正交基见表 3-1。

表 3-1　经典标准正交多项式

分布类型	PDF	正　交	正　交　基
Uniform	$\boldsymbol{l}_{[-1,1]}(x)/2$	Legendre $P_k(x)$	$P_k(x)/\sqrt{\frac{1}{2k+1}}$
Gaussian	$\frac{1}{\sqrt{2\pi}}\mathrm{e}^{-x^2/2}$	Hermite $H_{e_k}(x)$	$H_{e_k}(x)/\sqrt{k!}$
Gamma	$x^n\mathrm{e}^{-x}\boldsymbol{l}_R(x)$	Laguerre $L_k^a(x)$	$L_k^a(x)/\sqrt{\frac{\Gamma(k+a+1)}{k!}}$
Beta	$\boldsymbol{l}_{[-1,1]}(x)\frac{(1-x)^a(1+x)^b}{B(a)B(b)}$	Jacobi $J_k^{a,b}(x)$	$J_k^{a,b}(x)/J_{a,b,k}$ $J_{a,b,k}=\frac{2^{a+b+1}}{2k+a+b+1}\frac{\Gamma(k+a+1)\Gamma(k+b+1)}{\Gamma(k+a+b+1)\Gamma(k+1)}$

多项式混沌展开（PCE）的核心在于通过一系列无限项多项式来代替数值模型。而在实践过程中很难处理无限项多项式，因此需要一个截断方案。这个截断方案与多项式阶数 α 相对应，使得系统的响应能够达到一定的精确度。本节采用最小角回归（LAR）计算功能函数可能的多项式基函数集的数量，同时用 Akaike 信息准则（AIC）来确定最优多项式的形式。

3.2.2.1 最小角度回归

最小角度回归（LARS, Least Angle Regression）是由 Efron 等人提出的一种将线性回归模型拟合到高维数据的算法。其主要思想是在回归系数的绝对值之和小于某个给定值时，使其实际值与估计值之间差值平方和减至最小，即将其残差平方和最小化，以便使其回归系数中的某些分量严格等于零，从而获得一个易于解释的模型。

最小角回归的算法流程大致为：假设算法从所有系数等于零开始，找到与当前响应最相关的解释变量如 x_{j1}。朝着这个解释变量的方向递增，直到另一解释变量如 x_{j2}，有与当前残差有同样的相关性。并将其选入模型集合中，此时 LAR 模型不再沿着 x_{j1} 继续前进，而是在两个解释变量之间等角线方向递增，直到第 3 个解释变量 x_{j3} 进入“最相关”集合。然后 LAR 在 x_{j1}、x_{j2} 和 x_{j3} 之间等角线方向递增，即沿“最小角度方向”，直到第 4 个解释变量进入，依此类推。直至最小角回归模型达到某种设定的停止准则或已选入了所有与当前残差相关的解释变量。最小角回归算法解释变量的集合即为选入该模型中与当前残差最相关的集合。

LAR 在连续的步骤中建立估计量 $\hat{\mu}=X\hat{\beta}$，每一步选入一个与模型相关的变量，所以在 k 步之后在 $\hat{\beta}_j$ 中有 k 个非零元素。本节以 $m=2$ 的情况为例说明 LAR 算法，即 $X=(x_1,x_2)$。当前相关性仅取决于 y，将其等价替换为由 x_1，x_2 所张成的线性空间中的投影 $\bar{y}_2$，定义相关性为

$$c(\hat{\mu})=X'(y-\hat{\mu})=X'(\bar{y}_2-\hat{\mu}) \tag{3-21}$$

如图 3-1 所示，算法从 $\hat{\mu}_0=0$ 开始，不难发现 $\bar{y}_2-\hat{\mu}_0$ 更靠近 x_1，也就是说 $\bar{y}_2-\hat{\mu}_0$ 与 x_1 的夹角小于 x_2，即 $c_1(\hat{\mu}_0)>c_2(\hat{\mu}_0)$。于是 LAR 沿着 x_1 的方向上递增为

$$\hat{\mu}_1=\hat{\mu}_0+\hat{\gamma}_1x_1 \tag{3-22}$$

逐段地选择 $\hat{\gamma}_1$ 等于某个较小的数值 ε，使得 $\hat{\mu}_1$ 等于 $\bar{y}_1$。当残差与两个解释变量有相同的相关性时，$\hat{\mu}_1=\hat{\mu}_0+\hat{\gamma}_1x_1$，$\bar{y}_2-\hat{\mu}_1$ 坐落在单位方向向量 μ_2 的方向上。LAR 采用中间值 $\hat{\gamma}_1$，使 $\bar{y}_2-\hat{\mu}$ 的值与 x_1 和 x_2 同等相关性；也就是说，$\bar{y}_2-\hat{\mu}_1$ 等分 x_1 和 x_2 之间的角度，因此 $c_1(\hat{\mu}_1)=c_2(\hat{\mu}_1)$，则有下一步 LAR 的更新为

$$\hat{\mu}_2=\hat{\mu}_1+\hat{\gamma}_2x_2 \tag{3-23}$$

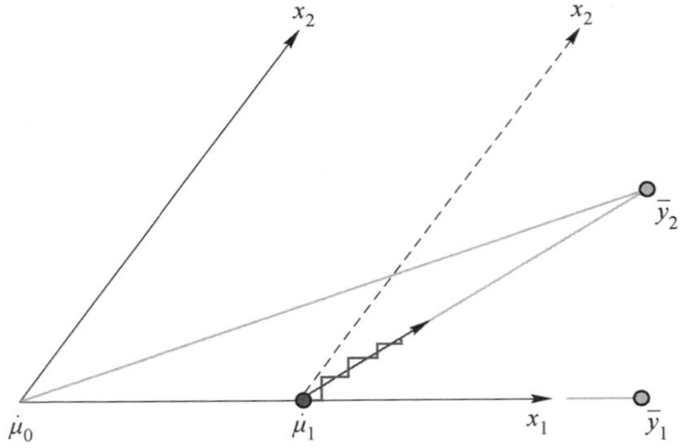

图 3-1　LAR 算法在 $m=2$ 情形下的示意图

在 $m=2$ 的条件下，算法运行两步结束，选择合适的 $\hat{\gamma}_2$ 使得 $\hat{\mu}_2=\bar{y}_2$，得到最终的拟合结果。

3.2.2.2　AIC 准则

在统计建模过程中，经常会遇到一些解释变量包含有关响应变量的足够信息，而其他解释变量则无法提供有关响应变量的有用信息。因此，为了简化模型并提高模型的预测能力，删除那些无法从模型中提供有效信息的解释变量。赤池信息准则（AIC，Akaike Information Criterion）正是解决如何筛选模型中的解释变量的方法。

赤池信息准则是由日本统计学家赤池弘次在 1973 年建立的一种衡量统计模型拟合优良性的信息准则。该准则可以对模型拟合数据的复杂程度和模型参数拟合的优良性进行评判，即能够在模型对数据拟合的优良性与所估计模型复杂程度之间进行折中。当出现所估计的模型拟合数据的程度相同时，该信息准则将优先考虑参数最少的模型，即复杂程度最低的模型，从而避免模型对观测数据过度拟合现象的出现。

赤池信息准则是建立在两个备选模型相对熵（entropy）的基础上，即对两个随机变量之间距离的量度，也称为 Kullback-Leibler 距离（K-L 距离）。

K-L 距离可表示为

$$I(f,g) = \int f(\underline{x})\lg\frac{f(\underline{x})}{g(\underline{x}\mid\underline{\theta})}\mathrm{d}\underline{x} \tag{3-24}$$

找到一个最优的 θ_0 使得 K-L 信息缺失达到最小，即

$$\theta_0 = \underset{\underline{\theta}}{\operatorname{argmin}} I(f,g)$$

g 的极大似然估计为 $\hat{\underline{\theta}} \to \theta_0$，$n \to \infty$。

将 K-L 信息缺失的期望最小化可得

$$\min\{E_{\underline{y}}[\hat{I}(f,g(\cdot\mid\hat{\underline{\theta}}(\underline{y})))]\}$$
$$=\min\int f(\underline{x})\lg(f(\underline{x}))\mathrm{d}x-E_{y}\int f(\underline{x})\lg g(\underline{x}\mid\hat{\underline{\theta}}_{ML}(\underline{y}))\mathrm{d}x \tag{3-25}$$

等价于

$$\max\{E_{\underline{y}}E_{\underline{x}}\lg g(\underline{x}\mid\hat{\underline{\theta}}_{ML}(\underline{y}))\}$$

得到 AIC 准则，式（3-26）的对数似然函数表达式为

$$\mathrm{AIC}=-2\lg g(\underline{x}\mid\hat{\underline{\theta}})+2K \tag{3-26}$$

式中，$g(\underline{x}\mid\hat{\underline{\theta}})$为似然函数；$K$ 表示模型中参数的个数。AIC 准则的值越小，则表示模型对观测数据的拟合程度越好。

3.2.3 改进 Kriging 模型的基函数（PC-Kriging 模型）

输入随机变量 $\boldsymbol{x}$ 服从多元标准正态分布，且各分量是独立的。否则，$\boldsymbol{x}$ 可以准确地或近似地转换成多元标准正态分布。回归基函数 $f_h(\boldsymbol{x})(h=1,2,\cdots,M)$ 通常被设定为常数或多元多项式。评估了具有不同基函数的 Kriging 模型的准确性。如果有足够多的 DoE 点，基函数阶数的影响可以忽略不计。在可靠性分析中，如果功能函数是耗时的并且 $\boldsymbol{S}_{\mathrm{DoE}}$ 点数又很少，选择合适的基函数将有效地提高 Kriging 模型的精度。然而，随着 $\boldsymbol{x}$ 的数量和多项式阶数的增加，基函数的项数也急剧增加，这使得 Kriging 模型在高阶的可靠性分析中（如立方）难以计算。为了解决类似问题，本节根据稀疏多项式构造基函数，并采用了最小角回归（LAR）和 Akaike 信息准则（AIC）。

令 $\pi_j^{(m)}(j=1,2,\cdots)$表示完备的 Hilbert 空间 $L^2(R,f_{X_i})$标准正交基，$\pi_j^{(m)}(j=1,2,\cdots)$为$f_{X_i}$的一个标准正交函数系列

$$\int\pi_k^{(m)}(x)\pi_j^{(m)}(x)f_{X_i}(x)\mathrm{d}x=\begin{cases}0 & 当\ k\neq j\\0 & 当\ k=j\end{cases} \tag{3-27}$$

式中，f_{X_i}为 $\boldsymbol{x}_i$（$\boldsymbol{x}$ 的第 m 个分量）的概率密度函数。

一个完备的 Hilbert 空间 $L^2(R,f)$的标准正交基（f 是 $\boldsymbol{x}$ 的联合概率密度函数）是

$$\psi_\alpha(X)=\prod_{m=1}^{M}\pi_{\alpha_m}^{(m)}(x_m) \tag{3-28}$$

式中，$\boldsymbol{\alpha}=[\alpha_1,\alpha_2,\cdots,\alpha_M]$为一个自然数的 M 维向量。这里，满足总项数 $|\boldsymbol{\alpha}|=\alpha_1+\alpha_2+\cdots+\alpha_M$ 不超过给定阈值 T_0 的项将被保留作为 Kriging 模型基函数的候选项。基函数的候选项 $\boldsymbol{A}^{M,T_0}$可表示为

$$\boldsymbol{A}^{M,T_0}=\{\boldsymbol{\alpha}\in\mathrm{N}^M,|\boldsymbol{\alpha}|\leqslant T_0\} \tag{3-29}$$

$\boldsymbol{A}^{M,T_0}$中项数的数量可由 P 表示

$$P=\mathrm{card}(\boldsymbol{A}^{M,T_0})=\begin{pmatrix}M+T_0\\T_0\end{pmatrix} \tag{3-30}$$

然后，考虑基函数的所有候选项的“完备”设计矩阵是

$$\boldsymbol{G}^{M,T_0}=[\boldsymbol{\psi}_{\alpha_0},\boldsymbol{\psi}_{\alpha_2},\cdots,\boldsymbol{\psi}_{\alpha_{P-1}}] \tag{3-31}$$

$$\boldsymbol{\psi}_{\alpha_i}=[\psi_{\alpha_i}(\boldsymbol{x}_1),\psi_{\alpha_i}(\boldsymbol{x}_2),\cdots,\psi_{\alpha_i}(\boldsymbol{x}_N)]^{\mathrm{T}} \tag{3-32}$$

式中，$\boldsymbol{\alpha}_i\in\boldsymbol{A}(i=0,1,\cdots,P-1)$；$\boldsymbol{x}_n\in\boldsymbol{S}_{\mathrm{DoE}}(n=1,2,\cdots,N)$。

由式（3-29）可知，如果使用 $\boldsymbol{A}^{M,T_0}$ 中的所有项作为 Kriging 模型的基函数，那么对调用功能函数的次数会随着 T_0 的增多而急剧增加。为了克服这个问题，在构建稀疏多项式基函数时，在 $\boldsymbol{A}^{M,T_0}$ 中仅有一部分项是被保留下来的。Kriging 基函数的选择主要步骤如下：

步骤 1：设置相关参数值，即保留多项式 T_0 的最大阶数和基函数 $p_{\max}$ 的最多项数。本节设 $T_0=3$，$p_{\max}=0.5\ \mathrm{card}(\boldsymbol{S}_{\mathrm{DoE}})$。

$$H=\min\{P,p_{\max}\} \tag{3-33}$$

步骤 2：初始化所有候选项中的系数 $a_{\alpha_i}=0(i=0,1,\cdots,P-1)$。根据 LAR 理论，初始化后的剩余项等于结构响应 $\boldsymbol{Y}$。

步骤 3：找出 $\boldsymbol{\psi}_{\alpha_i}(i=0,1,\cdots,P-1)$ 与当前残差之间的相关系数最大的矢量 $\boldsymbol{\psi}_{\alpha_i}$：

$$\boldsymbol{G}_1=\boldsymbol{\psi}_{\alpha'_1} \tag{3-34}$$

步骤 4：$h=2$。调整 $\alpha_{\alpha'_1}$ 在 G_1 上当前残差的最小二乘系数的方向，直到另一个向量 $\psi_{\alpha'_2}$ 与 G_1 具有相同的相关系数。

$$\boldsymbol{G}_h=[\boldsymbol{G}_1,\boldsymbol{\psi}_{\alpha'_2}],\boldsymbol{a}=[a_{\alpha'_1},a_{\alpha'_2}] \tag{3-35}$$

步骤 5：$h=h+1$。共同移动 $\boldsymbol{a}$ 朝向当前残差为 $\boldsymbol{G}_{h-1}$ 的联合最小二乘系数，直到向量 $\boldsymbol{\psi}_{a_h}$ 与当前残差 $\boldsymbol{G}_{k-1}$ 具有相同的相关系数。

$$\boldsymbol{G}_h=[\boldsymbol{G}_{h-1},\boldsymbol{\psi}_{\alpha'_h}],\boldsymbol{a}=[a_{\alpha'_1},a_{\alpha'_2},\cdots,a_{\alpha'_h}] \tag{3-36}$$

步骤 6：重复步骤 5，直到满足 $h=H$。

步骤 7：计算 $\boldsymbol{G}_h(h=1,\cdots,H)$ 的 AIC 值。

$$\mathrm{AIC}_h=N\ln(\mathrm{SSE}_h)+2h \tag{3-37}$$

式中，

$$\mathrm{SSE}_h=[\boldsymbol{G}_h(\boldsymbol{G}_h^{\mathrm{T}}\boldsymbol{G}_h)^{-1}\boldsymbol{G}_h\boldsymbol{Y}-\boldsymbol{Y}]^{\mathrm{T}}[\boldsymbol{G}_h(\boldsymbol{G}_h^{\mathrm{T}}\boldsymbol{G}_h)^{-1}\boldsymbol{G}_h\boldsymbol{Y}-\boldsymbol{Y}]$$

步骤 8：找到最小的 $\mathrm{AIC}_h(h=1,\cdots,H)$。

$$p=\underset{h}{\operatorname{argmin}}\{\mathrm{AIC}_h;h=1,\cdots,H\} \tag{3-38}$$

然后，对于 $\boldsymbol{S}_{\mathrm{DoE}}$ 和 $\boldsymbol{Y}$，改进 Kriging 模型的最优基函数为

$$f(\boldsymbol{X})=[\psi_{\alpha'_1}(\boldsymbol{X}),\psi_{\alpha'_2}(\boldsymbol{X}),\cdots,\psi_{\alpha'_p}(\boldsymbol{X})]^{\mathrm{T}} \tag{3-39}$$

图 3-2 显示了上述的流程。

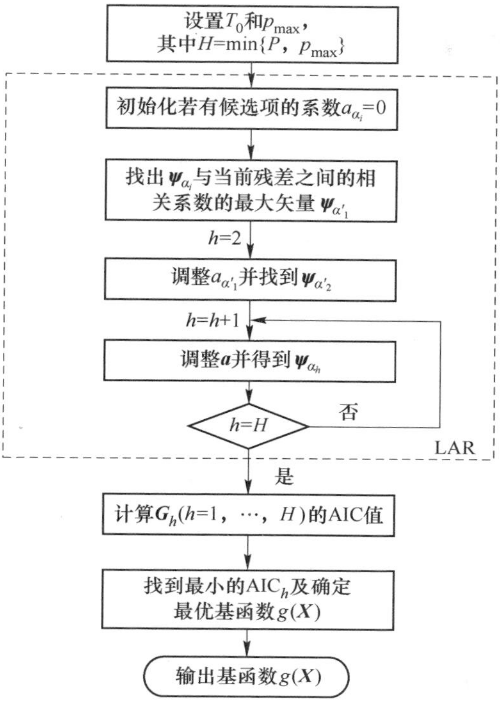

图 3-2 改进 Kriging 基函数的选择流程图

3.3 基于 Isomap-Clustering 更新策略

3.3.1 Isomap 算法 $\tilde{X}$ 的降维

等距特征映射（Isomap）是等距映射方法的代表，是由 Tenenbaum 在 2000 年提出的以多维尺度变换方法（MDS，Multi-dimensional Scaling）为理论基础的一种非线性降维的方法，它通过引入邻域图的测地线距离来扩展度量多维尺度（MDS）。其中，经典的度量 MDS 尺度是基于数据点之间的两两距离进行低维嵌入，通常采用直线欧几里德距离来测量。而 Isomap 的区别在于它使用了嵌入经典尺度的邻域图所引起的测地线距离，即用测地距离替代欧氏空间距离来度量高维空间中样本点间的距离。测地线距离定义为沿着两个节点之间最短路径的边之和。从而将流形结构合并到最终的低维嵌入中。

Isomap 算法的主要步骤概括如下。

步骤 1：定义每个点的邻近域，$\tilde{\boldsymbol{X}}$ 中 $\tilde{x}_i$ 的邻近域由 n_x 个最近的邻近域组成。

步骤 2：在所有的点上构造邻域图并计算成对的测地线距离以得到平方测地线距离矩阵 $\boldsymbol{D}^2$。测地线距离的边长之和等于欧氏距离沿着两点间最短路径的距离。

$$\boldsymbol{D}^2 = \begin{bmatrix} 0 & d_{12}^2 & \cdots & d_{1K}^2 \\ d_{21}^2 & 0 & \cdots & d_{1K}^2 \\ \vdots & \vdots & & \vdots \\ d_{K1}^2 & d_{K2}^2 & \cdots & 0 \end{bmatrix} \tag{3-40}$$

式中，d_{ij}为 $\tilde{\boldsymbol{X}}$ 中 $\tilde{\boldsymbol{x}}_i$ 和 $\tilde{\boldsymbol{x}}_j$ 之间的测地距离。

步骤 3：应用多维尺度变换法获取成对的测地线的距离来进行更低维度的嵌入，得到 d 维点集 $\tilde{X}^{(d)}$。

$$s_i^p = \sqrt{\lambda_p} v_p^i, \quad i = 1, \cdots, K; p = 1, \cdots, d \tag{3-41}$$

$$\boldsymbol{Q} = \frac{1}{2}\boldsymbol{H}\boldsymbol{D}^2\boldsymbol{H} \tag{3-42}$$

式中，λ_p 为矩阵 $\boldsymbol{Q}$ 的第 p 个特征值；v_p 为 λ_p 对应的特征向量，$\boldsymbol{H} = I_K - \frac{1}{K}e_K e_K^{\mathrm{T}}$，$e_K = [1, 1, \cdots, 1]^{\mathrm{T}} \in R^K$。

3.3.2　*k*-means 进行聚类分析

k-means 聚类分析是由 Macqueen 在 1967 年提出的一种基于原型的目标函数聚类方法，起源于信号处理，是数据挖掘中常用的聚类分析方法。*k*-means 聚类的基本思想是将 n 个观测值划分为 k 个簇集，并保持这 k 个簇集中的每个观测值都有与所在簇集中的聚类中心点的距离误差平方和最小化。*k*-means 是一个动态的求解过程，即在给定的 k 个初始聚类中心后，通过在这 k 个簇集中计算每个观测值与其所在的聚类中心点的距离平均值来调整聚类中心点，根据每个簇聚中的观测值到该簇聚中心距离最小的原则，将其划分至最近的聚簇中。然后由重新划分的观测值计算出新的簇聚中心点。重复这个迭代过程，直到簇聚类中心不再变化或满足收敛条件。

k-means 聚类分析方法的目标是将一组对象分组到多个集群中，同时保证同一集群中的对象比其他集群中的对象更相似。给定点集 $\tilde{X}^{(d)}$，*k*-means 聚类组 $\tilde{X}^{(d)}$ 分成 k 个聚类 $\{\tilde{X}_1^{(d)}, \tilde{X}_2^{(d)}, \cdots, \tilde{X}_k^{(d)}\}$，以便使群集内平方和最小化（WCSS）。

$$\underset{\tilde{X}^{(d)}}{\operatorname{argmin}} \sum_{i=1}^{k} \sum_{x^d \in \tilde{X}_i^{(d)}} \| \boldsymbol{x}^d - \boldsymbol{\mu}_i^{(d)} \|^2$$

其中，$\boldsymbol{\mu}_i^{(d)}$ 为 $\tilde{X}_i^{(d)}$ 中的均值点，由于 $d < M$，M 维点对应的 $\boldsymbol{\mu}_i^{(d)}$ 不是唯一的。此外，随着迭代过程的进行，$\hat{G}(\boldsymbol{x}) = 0$ 逐步收敛于 $G(\boldsymbol{x}) = 0$，代表点可能与当前 DOE 中的某些点太接近，导致病态设计矩阵和 DOE 点的质量较差。为了克服这

些不合适的情况，根据式（3-46）和式（3-47）获得 $\tilde{\boldsymbol{X}}$ 的代表点。

$$\tilde{\boldsymbol{x}}_{I_i} = \underset{\tilde{x} \in \tilde{X}}{\operatorname{argmin}} \| \tilde{\boldsymbol{x}}^{(d)} - \boldsymbol{\mu}_i^{(d)} \| \quad (i = 1, \cdots, k) \tag{3-43}$$

$$\left.\begin{array}{ll} \| \tilde{\boldsymbol{x}} - \boldsymbol{x}_n \| \geqslant d_0 & \text{其中}, n = 1, \cdots, N \text{ 且 } \boldsymbol{x}_n \in \boldsymbol{S}_{\mathrm{DoE}} \\ \| \tilde{\boldsymbol{x}} - \tilde{\boldsymbol{x}}_{I_j} \| \geqslant d_0 & \text{其中}, j = 1, \cdots, i-1 \end{array}\right\} \tag{3-44}$$

本节设置为

$$d_0 = 0.9\min\{ \| \boldsymbol{x}_m - \boldsymbol{x}_n \| ; m \neq n, \boldsymbol{x}_m, \boldsymbol{x}_n \in \boldsymbol{S}_{\mathrm{DoE}} \} \tag{3-45}$$

3.3.3 Isomap-Clustering 策略

如 $G(\boldsymbol{x})$ 一样，$\hat{G}(\boldsymbol{x})$ 也将 $\boldsymbol{X}$ 空间分成了两个域，即 $\hat{G}(\boldsymbol{x}) < 0$ 和 $\hat{G}(\boldsymbol{x}) \geqslant 0$。$\hat{G}(\boldsymbol{x}) = 0$ 是极限状态的估计。P_{f} 的准确性主要取决于 $\hat{G}(\boldsymbol{x}) = 0$ 与 $G(\boldsymbol{x}) = 0$ 的接近程度，只有当 PC-Kriging 模型错误地预测 $G(\boldsymbol{x}_{\mathrm{MC},i})$ 的符号时，$\boldsymbol{x}_{\mathrm{MC},i}$ 才会干扰 $\hat{P}_{\mathrm{f}}$ 的准确性，也就是

$$\hat{G}(x_{\mathrm{MC},i}) G(x_{\mathrm{MC},i}) \leqslant 0 \tag{3-46}$$

可以推导出

$$P(\hat{G}(x_{\mathrm{MC},i}) G(x_{\mathrm{MC},i}) \leqslant 0) = \Phi\left(- \left| \frac{\hat{G}(x_{\mathrm{MC},i})}{\sigma_G(x_{\mathrm{MC},i})} \right| \right) \tag{3-47}$$

显然，式（3-47）等于它的最大值（也就是 0.5），当且仅当 $\hat{G}(x_{\mathrm{MC},i}) = 0$。换言之，估计极限状态的点对可靠性分析的准确性有极大的干扰。此外，在可靠性分析中，PC-Kriging 模型只需要很好的拟合 $G(x) = 0$，而不是整个 $\boldsymbol{X}$ 空间。获得准确的 PC-Kriging 模型的一种有效方法是使大部分的设计实验点 DoE 位于 $G(x) = 0$ 附近，并较少地调用功能函数次数。然而，$G(x) = 0$ 在工程中通常是未知的。

因此，所提出的 DoE 策略会更新试验设计在 $\hat{G}(\boldsymbol{x}) = 0$ 附近的点，并迭代地提高 PC-Kriging 模型的准确性，直至模型精度满足要求。此外，为了显著地减少可靠性分析方法的迭代次数，所提出的策略在每一次迭代中将增加若干个代表点。采用 Isomap 技术和 k-means 聚类算法来避免任何两个代表点彼此过于靠近。所提出的自适应 DoE 策略概括如下。

步骤 1：对于已构建的 PC-Kriging 模型，在 $\hat{G}(\boldsymbol{x}) = 0$ 上或接近在 $\hat{G}(\boldsymbol{x}) = 0$ 上生成 K 个随机点。它们被视为代表点的候选点用来更新当前的 DoE。在随机模拟方法中样本精确位于 $\hat{G}(\boldsymbol{x}) = 0$ 上在理论上是不可能的。因此，使它们满足方程（3-48）。

$$\left| \frac{\hat{G}(\boldsymbol{x})}{\sigma_G(\boldsymbol{x})} \right| \leqslant \varepsilon_0 \tag{3-48}$$

式中，$\varepsilon_0 > 0$，ε_0 越低，$\boldsymbol{x}$ 越接近 $\hat{G}(x) = 0$。本节设 $\varepsilon_0 = 0.1$，如 $\Phi(-0.05) \approx 0.46$。令 $\tilde{X}$ 表示 i. i. d. 点集和上述的代表点候选集一样

$$\tilde{X} = \{\tilde{\boldsymbol{x}}_1, \tilde{\boldsymbol{x}}_2, \cdots, \tilde{\boldsymbol{x}}_K\}$$

MCS 和 MCMC（马尔可夫链蒙特卡罗）都适合生成 $\tilde{X}$，而本节采用的是后者。用于生成 $\tilde{X}$ 的条件概率密度函数为

$$f_{\tilde{X}}(\boldsymbol{x}) = f(\boldsymbol{x} \,\Big|\, |\hat{G}(\boldsymbol{x})/\sigma_G(\boldsymbol{x})| \leqslant \varepsilon_0) \tag{3-49}$$

式（3-49）定义的域是非常狭小的，几乎可以肯定，它在整个 $\boldsymbol{X}$ 空间中的比例低于被估计的失效域，即低于失效概率的估计值。

$$\int_{|\hat{G}(\boldsymbol{x})/\sigma_G(\boldsymbol{x})| \leqslant \varepsilon_0} f(\boldsymbol{x})\,\mathrm{d}x < \int_{\hat{G}(\boldsymbol{x}) \leqslant 0} f(\boldsymbol{x})\,\mathrm{d}x \tag{3-50}$$

$\hat{P}_\mathrm{f}$ 的变异系数约等于 $1/\sqrt{N_\mathrm{MC}\hat{P}_\mathrm{f}}$，换言之，$1/\sqrt{N_\mathrm{MC}\hat{P}_\mathrm{f}}$ 是可以用来衡量估计失效样本的分散程度（$N_\mathrm{MC}\hat{P}_\mathrm{f}$ 是位于 $\hat{G}(\boldsymbol{x}) \leqslant 0$ 的随机样本数量）。同理，本节采用 $1/\sqrt{K}$ 来衡量在 $\hat{G}(\boldsymbol{x}) = 0$ 附近的 i. i. d. 点的分散程度。

$$K \to \infty \Rightarrow 1/\sqrt{K} \to 0$$

如 $N_\mathrm{MC}\hat{P}_\mathrm{f} = 3 \times 10^3 (\delta_\mathrm{MC} \approx 0.018)$ 是满足大多数工程问题要求的，本节取 $K = 3 \times 10^3 \sim 1 \times 10^4$。

步骤 2：采用 Isomap 技术将 $\tilde{X}$ 中的点的维数从 M 降到 $d(d < M)$，$\tilde{X}$ 被映射到 d 维点集 $\tilde{X}^{(d)}$。

$$\tilde{X}^{(d)} = \{\tilde{\boldsymbol{x}}_1^{(d)}, \tilde{\boldsymbol{x}}_2^{(d)}, \cdots, \tilde{\boldsymbol{x}}_K^{(d)}\} \tag{3-51}$$

式中，$\tilde{\boldsymbol{x}}_i^{(d)}$ 对应于 $\tilde{X}(i = 1, 2, \cdots, K)$ 中的 $\tilde{\boldsymbol{x}}_i$，Isomap 是用来拉直“曲线” $|\hat{G}(\boldsymbol{x})/\sigma_G(\boldsymbol{x})| \leqslant \varepsilon_0 (M = 2)$ 和展开“表面”$(M = 3)$或“超表面”$(M > 3)$ 的。为了简化，本节设定 $d = M - 1$。

步骤 3：在 $\tilde{X}$ 中选择 k 个代表点，$\tilde{X}^{(d)}$ 集群通过聚类算法分为 k 个群，得到 k 个中心 $\boldsymbol{\mu}_i^{(d)} (i = 1, \cdots, k)$。

由式（3-48）和式（3-49）可知，在具有较大 $f(\boldsymbol{x})$ 值的点的区域（量化 $\boldsymbol{x}$ 对 P_f 的重要性）及 $\sigma_G(\boldsymbol{x})$（衡量 $\hat{G}(\boldsymbol{x})$ 的准确性）的 $\hat{G}(\boldsymbol{x}) = 0$ 附近倾向于收集更多的随机点。因此，代表点更有可能位于该重要的区域，从而使 PC-Kriging 模型可能直接被改进。

3.4 基于 PC-Kriging 模型和 Isomap-Clustering 策略的可靠性分析方法

本节构造了一种基于 PC-Kriging 模型和 Isomap-Clustering 策略相结合的结构可靠性分析方法，主要基于 3.2 节中的 PC-Kriging 模型及在 3.3 节中所提出的 Isomap-Clustering 策略来迭代改进 PC-Kriging 模型直到其精度满足停止准则。主要步骤如下。

步骤1：$t=0$，采用拉丁超立方抽样（LHS）生成初始DoE点，并调用功能函数以计算初始DoE点的功能函数值。LHS的超矩形是$[-n_\sigma, n_\sigma]^M$，最初的点数是N_0，本节设置$n_\sigma=5$。

$$\boldsymbol{S}_{\text{DoE}} = [\boldsymbol{x}_1, \boldsymbol{x}_2, \cdots, \boldsymbol{x}_{N_0}] \tag{3-52}$$

$$\boldsymbol{Y} = [y_1, y_2, \cdots, y_{N_0}]^{\text{T}} \tag{3-53}$$

步骤2：基于现有DoE构建PC-Kriging模型，并计算失效概率的估计（$\hat{P}_{\text{f},t}$）。在3.2节中详细介绍了PC-Kriging模型的理论和用LAR和AIC选择基函数的方法。用MCS近似地计算式（3-1）的积分，并且用$\tilde{P}_{\text{f},t}$表示$\hat{P}_{\text{f},t}$的估计。

$$\tilde{P}_{\text{f},t} = \frac{1}{N_{\text{MC},t}} \sum_{i=1}^{N_{\text{MC},t}} I_{\hat{G}_t<0}(\boldsymbol{x}_{\text{MC},i}) \tag{3-54}$$

根据中心极限定理，$\tilde{P}_{\text{f},t}$收敛于正态分布

$$\tilde{P}_{\text{f},t} \xrightarrow{d} N(\hat{P}_{\text{f},t}, \hat{P}_{\text{f},t}(1-\hat{P}_{\text{f},t})/N_{\text{MC}}) \tag{3-55}$$

那么

$$P(|\tilde{P}_{\text{f},t} - \hat{P}_{\text{f},t}| < e\hat{P}_{\text{f},t}) \approx 2\Phi\left[e\hat{P}_{\text{f},t}\sqrt{\frac{N_{\text{MC},t}}{\hat{P}_{\text{f},t}(1-\hat{P}_{\text{f},t})}}\right] - 1 \approx 2\Phi(e\sqrt{\hat{P}_{\text{f},t}N_{\text{MC},t}}) - 1 \tag{3-56}$$

式中，$e>0$，$\Phi(\cdot)$是标准正态分布的累积分布函数（CDF）。由于失败概率一般都很小，因此分母中的$1-\hat{P}_{\text{f},t}$是可以忽略的，设定$\tilde{P}_{\text{f},t}$的相对误差不大于3%，置信度为0.95。

$$P(|\tilde{P}_{\text{f},t} - \hat{P}_{\text{f},t}| < 0.03\hat{P}_{\text{f},t}) \geqslant 0.95 \tag{3-57}$$

根据式（3-56）

$$2\Phi(0.03\sqrt{\hat{P}_{\text{f},t}N_{\text{MC},t}}) - 1 \geqslant 0.95$$

进而

$$N_{\text{MC},t}\hat{P}_{\text{f},t} \geqslant 4268 \tag{3-58}$$

式中，$N_{\text{MC},t}\hat{P}_{\text{f},t}$为$N_{\text{MC},t}$随机样本中失效数量的数学期望，因此本节设定的MCS终止条件为失效随机样本数达到4300以上。

步骤3：判断迭代过程是否收敛。如果$\tilde{P}_{\text{f},t}$和$\tilde{P}_{\text{f},t-1}$满足式（3-59）则迭代终止。$\tilde{P}_{\text{f},t}$是目标失败概率的估计。否则，继续执行第4步。

$$N_{\text{MC},t} \approx N_{\text{MC},t-1} \to N_{\text{MC}}$$

$$\hat{P}_{\text{f},t} \approx \hat{P}_{\text{f},t-1} \to \hat{P}_{\text{f}}$$

参考式（3-59），

$$P\left(\frac{\tilde{P}_{\text{f},t} - \tilde{P}_{\text{f},t-1}}{\hat{P}_{\text{f}}} \leqslant 1.96\sqrt{\frac{2(1-\hat{P}_{\text{f}})}{\hat{P}_{\text{f}}N_{\text{MC}}}}\right) \approx 0.95$$

根据式（3-62），

$$P(\tilde{P}_{f,t} - \tilde{P}_{f,t-1}/\hat{P}_f \leqslant 0.0424) \approx 0.95$$

因此，当 $\tilde{P}_{f,t}$ 和 $\tilde{P}_{f,t-1}$ 的相对误差小于 4% 时，可靠性分析程序被认为是收敛的。

$$\frac{\tilde{P}_{f,t} - \tilde{P}_{f,t-1}}{(\tilde{P}_{f,t} + \tilde{P}_{f,t-1})/2} \leqslant 4\% \tag{3-59}$$

步骤4：$t = t+1$，执行 Isomap-Clustering 策略并更新当前的 DoE，采用第3节提出的 Isomap-Clustering 策略搜索 $\hat{G}_{t-1}(\boldsymbol{x}) = 0$ 附近的代表点，并计算其功能函数值，更新当前的 DoE 和 $\boldsymbol{Y}$，然后返回到步骤 2。

3.5 算例验证

在本节中，分析了 3 个实例来验证 Isomap-Clustering 策略的优势。其中两个是具有显示的功能函数，另一个则是隐式的。

3.5.1 算例 1：具有 2 个输入变量的分析算例

具有 2 个输入变量的算例已在文献中进行了分析，本小节采用 Isomap-Clustering 策略对其进行分析验证，功能函数为

$$G(\boldsymbol{x}) = \exp(0.4x_1 + 7) - \exp(0.3x_2 + 5) - 200 \tag{3-60}$$

式中，$\boldsymbol{x} = [x_1, x_2]^{\mathrm{T}}$ 服从二元标准正态分布，x_1 和 x_2 是相互独立的。失效域 $G(x) \leqslant 0$ 相当于

$$x_1 \leqslant 2.5[\ln(\exp(0.3x_2 + 5) + 200) - 7]$$

失败概率为

$$P_f = \frac{1}{2\pi}\int_{-\infty}^{+\infty} \exp(-x_2^2/2)\left(\int_{-\infty}^{u(x_2)} \exp(-x_2^2/2)\,\mathrm{d}x_1\right)\mathrm{d}x_2 \approx 3.62 \times 10^{-3}$$

式中，$u(x_2) = 2.5[\ln(\exp(0.3x_2 + 5) + 200) - 7]$，根据式（3-61），目标可靠性指标 β 为 2.686。

$$\beta = -\Phi^{-1}(P_f) \tag{3-61}$$

第 3.4 节中构造的方法适用于本例 $N_0 = 6$，$K = 300$，$k = 3$。当 $t = 3$ 时，基于 Isomap-Clustering 策略的可靠性分析方法满足式（3-59）的停止条件。图 3-3 显示了每次迭代 Isomap-Clustering 策略和 PC-Kriging 模型的基函数在 $\hat{G}(\boldsymbol{x}) = 0$ 附近的 DoE 点。从图 3-3 和图 3-4 可以看出，Isomap-Clustering 策略中的大部分 DoE 点位于重要的区域，成功避免了 DoE 点的集中。结果见表 3-2。

表 3-2 例子 1 的结果

P_f	$\hat{P}_f$	β	$\hat{\beta}$	N_{call}
3.62×10^{-3}	3.63×10^{-3}	2.686	2.685	15

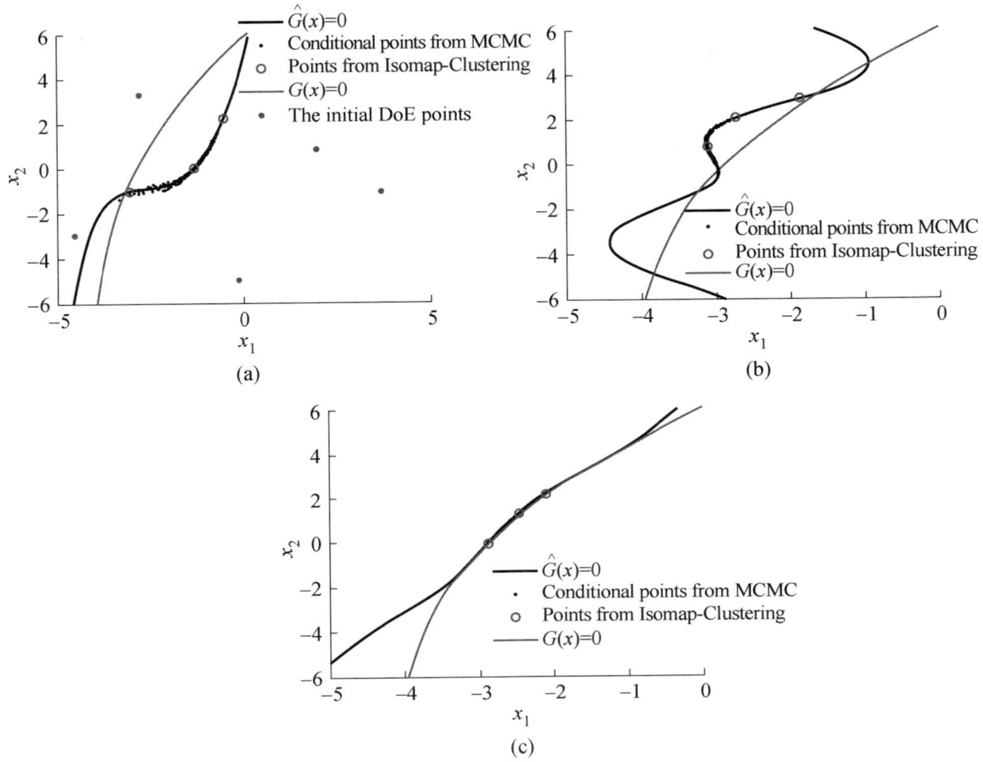

图 3-3 例子 1 的迭代过程

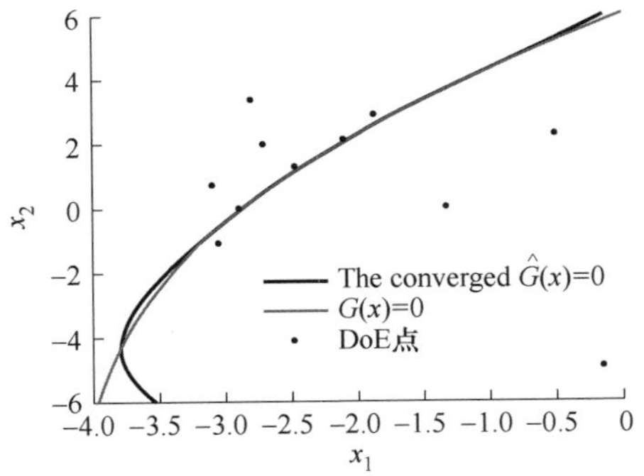

图 3-4 预测的极限状态与真实的比较

在图 3-3 中，(a)图为迭代初期效果图，(b)图为迭代中期效果图，(c)图为迭代后期效果图。其中，$\hat{G}(x)=0$ 为 PC-Kriging 模型预拟合曲线，Conditional points from MCMC 为马尔科夫链生成候补样本，Points from Isomap-Clustering 为本书所提的 Isomap-Clustering 策略选取的最佳训练样本，$G(x)=0$ 为真实功能函数曲线，The initial DoE points 为初始样本点。

在图 3-4 中，The converged $\hat{G}(x)=0$ 为功能函数拟合曲线，$G(x)=0$ 为真实功能函数曲线，DoE points 为训练样本集。

3.5.2　算例 2：具有 6 个输入变量的分析算例

如图 3-5 所示，具有 6 个输入变量的非线性无阻尼单自由度系统。该问题已在文献中进行了研究。其功能函数定义为

$$G(C_1,C_2,M,R,T_1,F_1)=3R-\left|\frac{2F_1}{M\omega_0^2}\sin\left(\frac{\omega_0 t_1}{2}\right)\right| \tag{3-62}$$

式中，$\omega_0=\sqrt{(C_1+C_2)/M}$。

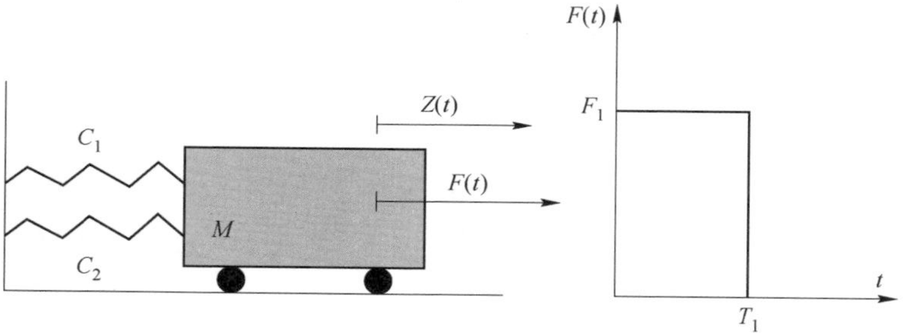

图 3-5　非线性无阻尼单自由度系统

所有的输入变量是相互独立的并且是服从正态分布的，其平均值和标准偏差见表 3-3。由 MCS 的 10^6 次模拟得出的参考失效概率为 2.87×10^{-2}。

表 3-3　输入变量的分布参数

变量	C_1	C_2	M	R	T_1	F_1
均值	1	0.1	1	0.5	1	0.45
标准差	0.1	0.01	0.05	0.05	0.2	0.075

首先，根据式（3-63）将所有输入变量转换为标准正态分布。为了研究 k 对 Isomap-Clustering 策略效率的影响，采用所提出可靠性分析方法运行 5 次，$N_0=10$，$K=3000$，$k(k=4,5,6,7,8)$。

$$x\sim N(\mu,\sigma^2)\Leftrightarrow\frac{x-u}{\sigma}\sim N(0,1) \tag{3-63}$$

所提出的方法和基于 AK-MCS 的方法的结果见表 3-4。在表 3-4 列出的 N_{call}、$\hat{P}_f$、δ 和 ε 分别表示功能函数的调用次数［见式（3-62）］、目标失效概率的估计、$\hat{P}_f$ 的变异系数和相对误差参考值。根据表 3-4，似乎 k 略微影响了所提出方法功能函数的调用次数 N_{call}，但在可接受的准确度 ε 的范围下，并且功能函数调用次数 N_{call} 是低于其他方法的。

表 3-4 不同方法的结果比较

方 法	N_{call}	迭代次数	$\hat{P}_f$	δ/%	ε/%
MCS	10^6	—	2.87×10^{-2}	0.59	—
AK－MCS＋U	57	47	2.85×10^{-2}	1.85	<0.1
AK－MCS＋EFF	55	45	2.86×10^{-2}	1.80	0.39
本书方法	46（k＝4）	9	2.85×10^{-2}	0.67	0.63
	40（k＝5）	6	2.87×10^{-2}	0.67	<0.1
	40（k＝6）	5	2.84×10^{-2}	0.66	0.58
	38（k＝7）	4	2.85×10^{-2}	0.65	0.61
	42（k＝8）	4	2.86×10^{-2}	0.68	0.29

3.5.3 算例 3：10 维的桁架结构

这种桁架结构已在文献中进行了研究。如图 3-6 所示，它包含 11 个横杆和 12 个斜杆，A_1、E_1 分别表示横杆横截面和杨氏模量，而 A_2、E_2 表示倾斜杆的横截面和杨氏模量。从 P_1 到 P_6 的 6 个载荷施加在水平杆的节点上。这 10 个随机变量是相互独立的，其分布信息见表 3-5。

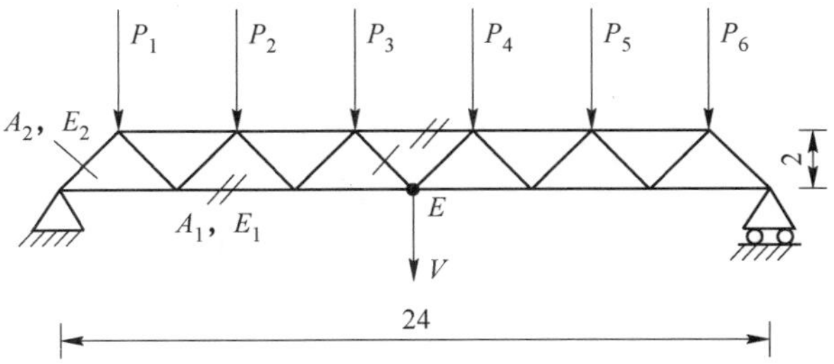

图 3-6 桁架结构

表 3-5 例子 2 随机变量的分布参数

变 量	分 布	均 值	标准差
$P_1\sim P_6$	Gumbel	5×10^4	7.5×10^3
A_1	Lognormal	2×10^{-3}	2×10^{-4}

续表3-5

变 量	分 布	均 值	标准差
A_2	Lognormal	1×10^{-3}	1×10^{-4}
E_1	Lognormal	2.1×10^{11}	2.1×10^{10}
E_2	Lognormal	2.1×10^{11}	2.1×10^{10}

在图中由 $\boldsymbol{s}(\boldsymbol{x})$ 表示节点 E 的挠度的结构响应，根据文献，$|\boldsymbol{s}(\boldsymbol{x})|$ 的阈值为0.14m。桁架结构的功能函数为

$$G(\boldsymbol{x})=0.14-|\boldsymbol{s}(\boldsymbol{x})|$$

采用重要抽样模拟500000次的参考失效概率（P_f^{REF}）和可靠性指标（β^{REF}）分别是 3.45×10^{-5} 和3.98。

将表3-5中的变量转化为标准正态分布后，将所提出的方法应用于桁架结构10次，$N_0=15$，$K=3000$，$k(k=4,5,6,7,8)$ 去测试其稳定性。图3-7显示了 $\hat{P}_f$ 和 $\hat{\beta}$ 的收敛过程。不同方法的结果比较见表3-6。

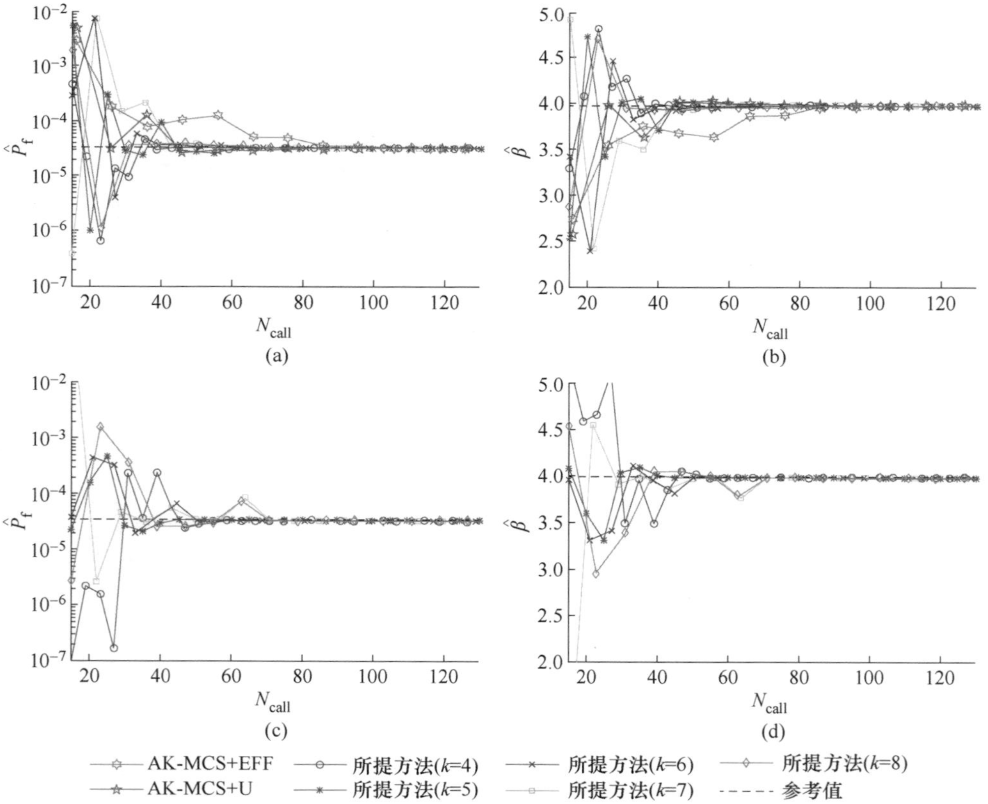

图3-7 失效概率 $\hat{P}_f$ 和可靠性指标 $\hat{\beta}$ 的收敛过程

表 3-6 不同方法的结果比较

方 法	N_{call}	迭代次数	$\hat{P}_f$	δ/%	$\hat{\beta}$
IS	5×10^5	—	3.45×10^{-5}	1.5	3.98
AK－MCS＋U	145	130	3.35×10^{-5}	1.51	3.99
AK－MCS＋EFF	160	145	3.33×10^{-5}	1.53	3.99
本书方法	115（$k=4$）	25	3.39×10^{-5}	1.51	3.98
	107（$k=4$）	23	3.44×10^{-5}	1.45	3.98
	120（$k=5$）	21	3.32×10^{-5}	1.47	3.99
	115（$k=5$）	20	3.31×10^{-5}	1.50	3.99
	105（$k=6$）	15	3.40×10^{-5}	1.49	3.99
	117（$k=6$）	17	3.32×10^{-5}	1.50	3.99
	99（$k=7$）	12	3.30×10^{-5}	1.47	3.99
	106（$k=7$）	13	3.36×10^{-5}	1.50	3.99
	111（$k=8$）	12	3.35×10^{-5}	1.48	3.99
	103（$k=8$）	11	3.38×10^{-5}	1.49	3.98

在图 3-7 中，（a）图为所提方法和其他方法失效概率收敛曲线，（b）图为所提方法和其他方法可靠性指标收敛曲线，（c）图为平均失效概率收敛曲线，（d）图为平均可靠性指标收敛曲线。

4 基于 PC-Kriging 模型的热－结构耦合齿轮转子系统共振可靠性分析

4.1 概　　述

高速重载齿轮转子系统作为机械传动系统的关键部件，已广泛应用于航空航天、汽车、船舶、工程机械等领域。在工程实践中，齿轮转子系统不可避免地会受到各种随机因素的干扰。例如，在加工和装配过程中，由于环境、测量和人为因素的存在，即使是在同一批生产的齿轮中，每一个齿轮的结构尺寸也是不同的。此外，由于齿轮转子系统在传动过程中存在阻尼和外部激励等随机因素，各齿轮转子系统的固有频率、振幅等振动参数不同。激励频率不可避免地会落在固有频率范围内，引起齿轮转子系统共振的发生。而齿轮转子的温升将引起其固有频率的变化，这就增加了激励频率落在固有频率范围内的概率，同时也加大了齿轮转子发生共振的概率。因此，研究随机参数作用下考虑温升的高速重载齿轮转子系统共振可靠性及可靠性灵敏度分析具有重要理论价值。

目前，基于不确定性因素的高速重载齿轮转子系统的可靠性灵敏度分析研究较少，而考虑随机参数下受温升影响的齿轮转子系统共振可靠性灵敏度分析更少。在可靠性分析的工程应用中，由于其功能函数通常是复杂的、强非线性的或隐式的，不能用显示的表达式来表示，需要用有限元软件进行分析。当使用有限元分析高度非线性和复杂的机械结构，一次分析的时间通常是非常耗时（几小时或几天），需要大量的有限元分析操作（几十个或几百个或更多）才能获得令人满意的结果，这在工程实践中是不可接受的。因此，采用代理模型技术来解决类似问题得到了广泛的应用和发展。

在第 3 章研究内容基础上，本章采用具体方法对考虑随机参数下受温升影响的高速重载齿轮转子系统进行共振可靠性分析及共振可靠性灵敏度分析。通过可靠性分析，得出了考虑随机参数下受温升影响的高速重载齿轮转子系统的共振可靠度；通过灵敏度分析，确定了对共振影响最大的随机参数及在温升影响下的齿轮转子系统共振可靠性敏感参数和非敏感参数。针对采用 PC-Kriging 模型和 Isomap-Clustering 更新策略的可靠性分析方法来计算工程中复杂结构可靠性和可靠性灵敏度问题进行了探索性的研究，旨在为类似的相关研究提供重要的参考价值和实际工程意义。

4.2 热－结构耦合分析

4.2.1 热－结构耦合理论基础

热弹性理论主要是研究物体因温升而产生在其弹性范围内引起的应力、应变和位移的变化。热－结构耦合分析主要是依赖弹性力学理论，从静力学、几何学、物理学三方面考虑问题，分别得到热弹性理论的静力平衡微分方程、几何方程和物理方程。从静力学角度建立的平衡方程与无温升的一般弹性理论的方程形式相同，这是因为热应力只改变了物体内部应力的大小，并不会对物体的受力平衡产生影响。则热弹性理论的静力学平衡方程为

$$\left.\begin{aligned}\frac{\partial\sigma_x}{\partial x}+\frac{\partial\tau_{yx}}{\partial y}+\frac{\partial\tau_{zx}}{\partial z}+X=0\\ \frac{\partial\sigma_y}{\partial y}+\frac{\partial\tau_{zy}}{\partial z}+\frac{\partial\tau_{xy}}{\partial x}+Y=0\\ \frac{\partial\sigma_z}{\partial z}+\frac{\partial\tau_{xz}}{\partial x}+\frac{\partial\tau_{yz}}{\partial y}+Z=0\end{aligned}\right\}\tag{4-1}$$

式中，σ_x、σ_y、σ_z 分别为直角坐标系中在 x、y、z 三个方向的正应力；τ_{yx}、τ_{zx}分别为直角坐标系中在 z 和 y 上的剪应力，其他方向的剪应力根据其下标以此类推；X、Y、Z 分别表示微元体的体力分量。热弹性理论的几何方程为导出应变分量与位移分量之间的关系式，则热弹性理论的几何方程为

$$\left.\begin{aligned}\varepsilon_x&=\frac{\partial u}{\partial x}\\ \varepsilon_y&=\frac{\partial v}{\partial y}\\ \varepsilon_z&=\frac{\partial w}{\partial z}\\ \gamma_{xy}&=\frac{\partial v}{\partial x}+\frac{\partial u}{\partial y}\\ \gamma_{yz}&=\frac{\partial w}{\partial y}+\frac{\partial v}{\partial z}\\ \gamma_{zx}&=\frac{\partial u}{\partial z}+\frac{\partial w}{\partial x}\end{aligned}\right\}\tag{4-2}$$

式中，ε_x、ε_y、ε_z 分别表示在直角坐标系中 x、y、z 三个方向上的正应变；u、v、w 分别表示在直角坐标系中 x、y、z 三个方向上的位移；γ_{xy}、γ_{yz}、γ_{zx}分别为 x 与 y、y 与 z、z 与 x 之间的改变量，即切应变。热弹性理论的几何方程与一般热弹性理论中的几何方程形式是相同的，这是因为几何方程所反映的是应变与位移之

间纯粹的几何关系。当弹性体的变形是连续的，必然会得到这样形式的几何方程。几何方程不会因为应力（通常只考虑外力作用，而现在增加了温升）引起应变的原因不同而改变。当考虑应力和温升共同作用下引起的弹性体应变和位移的变化，其热弹性理论的物理方程与无温升的情况（等温情况）是不同的。由应力引起应变变化的部分仍服从胡克定律，与无温升情况一样，而由温升引起的另一部分应变，则服从热膨胀规律。假设弹性体是各向同性且均匀的，则热弹性理论的物理方程为

$$\left.\begin{aligned}
\varepsilon_x &= \frac{1}{E}[\sigma_x - \mu(\sigma_y + \sigma_z)] + \lambda T \\
\varepsilon_y &= \frac{1}{E}[\sigma_y - \mu(\sigma_z + \sigma_x)] + \lambda T \\
\varepsilon_z &= \frac{1}{E}[\sigma_z - \mu(\sigma_x + \sigma_y)] + \lambda T \\
\gamma_{xy} &= \frac{2(1+\mu)}{E}\tau_{xy} \\
\gamma_{yz} &= \frac{2(1+\mu)}{E}\tau_{yz} \\
\gamma_{zx} &= \frac{2(1+\mu)}{E}\tau_{zx}
\end{aligned}\right\} \tag{4-3}$$

式中，σ_x、σ_y、σ_z 分别为直角坐标系中在 x、y、z 三个方向的正应力；τ_{yz}、τ_{zx}、τ_{xy}分别为直角坐标系中在 x、y、z 三个方向上的剪应力；E 为材料的弹性模量；μ 为材料的泊松比；λ 为热膨胀系数；T 为温度。

4.2.2　齿轮热－结构耦合有限元分析

采用 ANSYS 有限元进行多物理场耦合仿真分析有两种方法，即直接耦合法和载荷传递法（亦称顺序耦合法）。直接耦合法在单元类型选择上需要具有多物理场或多种自由度的耦合单元，并通过计算多物理场的单元载荷向量或单元矩阵的方式进行耦合，且只需一次求解（一次分析）便可得到多物理场的分析结果，但需满足所求解多物理场的多个准则才能使其达到平衡状态，又由于其单元节点上的自由度较多，求解的计算量较大，通常只有在非线性程度较高及物理场之间耦合强度较高时才会选择采用直接耦合法进行分析。载荷传递法在单元类型选择上均为单物理场单元，需要两次或多次分析才能得到多物理耦合的结果。每次分析一个单物理场并将其分析的结果作为载荷施加到下一个物理场中进行分析，从而达到耦合两个或多个物理场分析的目的。通常在非线性程度不高或耦合程度不高的物理场之间进行耦合分析。因为每次只分析一个物理场，且其单元类型皆为单场单元，具有较高的计算效率，也更为灵活。

在首先进行的齿轮稳态温度场分析时，选用的是具有 8 节点六面体的实体单

元 Solid70，如图 4-1 所示。该单元上的节点只具有温度自由度，且可以退化为棱柱单元、四面体单元和金字塔单元，与 Solid87 单元相比有更高的仿真精度，而与 Solid90 单元相比有更快的计算速度。在进行齿轮稳态温度场热分析时其啮合面同时存在两种热载荷，即热流密度和对流换热系数。而采用 ANSYS 有限元分析时是不允许将这两种载荷都施加在同一表面上的，因此需要在齿轮啮合面上建立一个三维表面效应单元 Surf152。从而实现两种载荷在同一表面上的加载，即将齿轮的热流密度加载到 Solid70 实体单元上，同时将齿轮的对流换热系数加载到 Surf152 表面效应单元上。

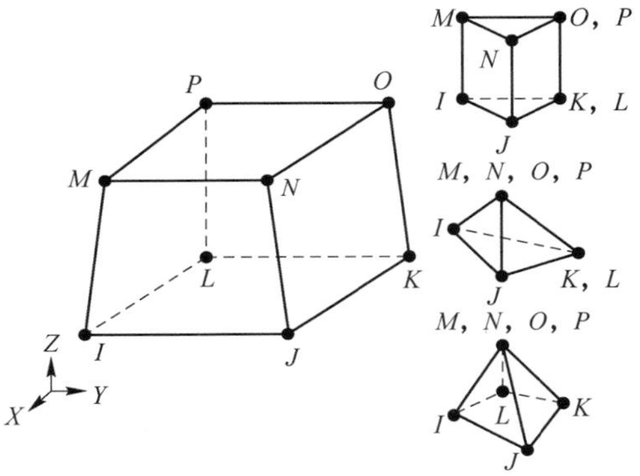

图 4-1 Solid70 单元结构

在完成齿轮稳态温度场热分析后，需要将热分析时的 Solid70 单元转换成 Solid185 单元进行应力场分析（结构分析）。如图 4-2 所示，Solid185 单元是具有 8 节点且每个节点都有三个平移自由度的结构分析单元，且可以退化为棱柱单元和四面体单元，与 Solid45 单元相比功能更强大，而与 Solid92 单元、Solid187 单元相比所需计算量更小。

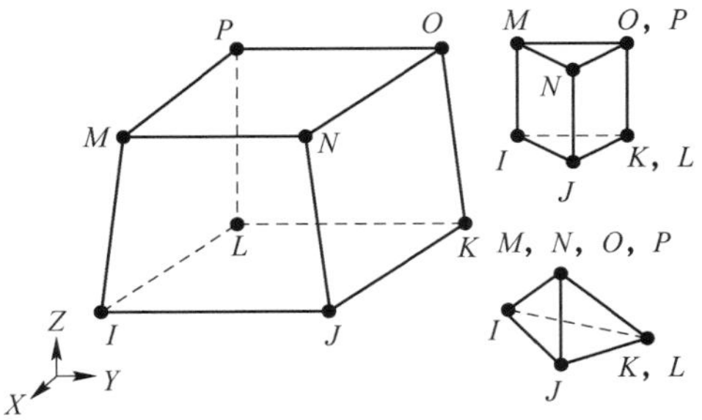

图 4-2 Solid185 单元结构

转换单元后，进行读入温度场结果等步骤，具体步骤如下：

(1) 采用 APDL 语言建立齿轮副的三维实体模型。

(2) 对三维齿轮副的实体模型进行稳态温度场分析。

(3) 清除稳态热分析时所施加的载荷和边界条件。

(4) 重新设置齿轮转子的材料属性、弹性模量、泊松比及线膨胀系数。

(5) 将热分析时的实体 Solid70 单元转换为结构分析实体单元 Solid185。

(6) 将热分析结果的节点温度作为体载荷施加到结构分析的模型中。

(7) 施加边界添加并求解。

(8) 查看热 – 结构耦合分析结果并保存。

齿轮副的热 – 结构耦合分析流程如图 4-3 所示。

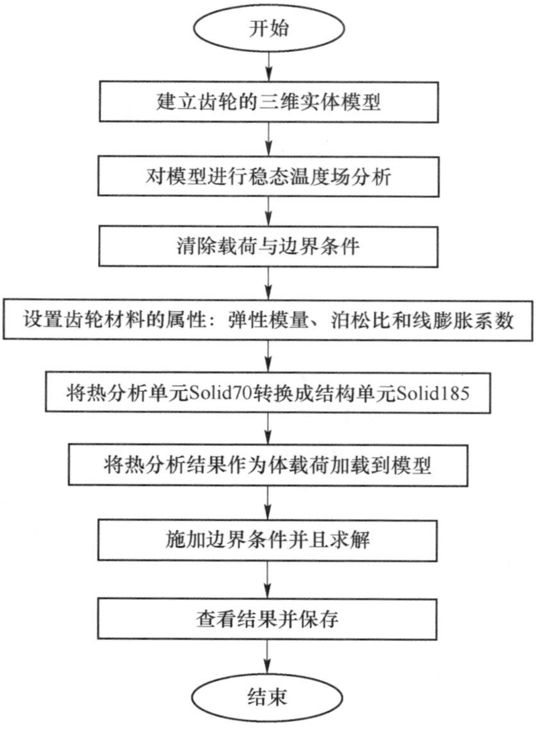

图 4-3　齿轮副热 – 结构耦合分析流程图

4.2.3　齿廓曲线的参数方程

如图 4-4 所示，渐开线齿轮的齿廓曲线是由两部分组成，分别为用于啮合传动的齿廓渐开线 AG 段和减小齿根应力集中的过渡曲线 GB 段。渐开线齿轮的齿廓曲线是生成轮齿和准确模拟轮齿热弹性变形的关键。

4.2.3.1 齿廓渐开线的参数方程

生成齿轮齿廓渐开线的原理如图 4-5 所示，以齿轮的回转中心为极点的极坐标参数方程为齿廓渐开线方程

$$\left.\begin{aligned} r_k &= r_b/\cos\alpha_k \\ \theta_k &= \tan\alpha_k - \alpha_k \end{aligned}\right\} \tag{4-4}$$

式中，r_k 为渐开线上任意一点的矢径；r_b 为渐开线的基圆半径；α_k 为该点的压力角；θ_k 为该点的展角。

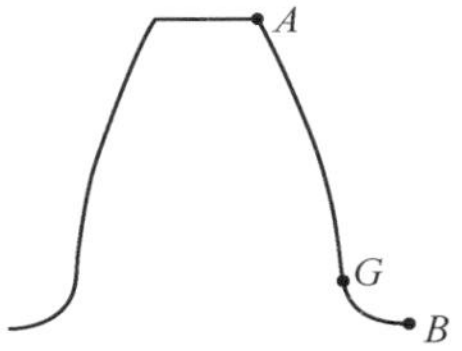

图 4-4　齿轮的齿廓曲线

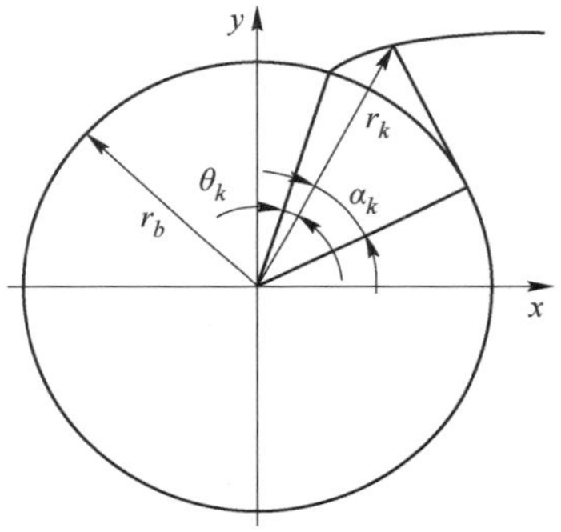

图 4-5　渐开线生成原理图

在直角坐标系下齿廓渐开线的参数方程为

$$\left.\begin{aligned} x_k &= \frac{r_b}{\cos\alpha_k}\sin\left(\frac{\phi}{2} + \mathrm{inv}\alpha_0 - \mathrm{inv}\alpha_k\right) \\ y_k &= \frac{r_b}{\cos\alpha_k}\cos\left(\frac{\phi}{2} + \mathrm{inv}\alpha_0 - \mathrm{inv}\alpha_k\right) \end{aligned}\right\} \tag{4-5}$$

式中，x_k、y_k 分别为在直角坐标系下渐开线上任意一点的横、纵坐标；α_0 为分度圆上的压力角；ϕ 为分度圆齿厚所对应的中心角。

4.2.3.2 齿根过渡曲线的参数方程

根据加工方式及加工刀具齿廓的不同，齿根过渡曲线有多种形式。采用齿条插刀或滚刀加工齿轮时，如果刀具齿廓的顶部只具有一个圆角，则过渡曲线为一整段延伸渐开线的等距曲线。齿条刀具结构如图 4-6 所示。

图 4-6 中，a 为刀具圆角圆心 C_ρ 距中线的距离；b 为刀具圆角圆心 C_ρ 距刀具齿槽中心线的距离；r_ρ 为刀具圆角半径；h_a^* 为齿高系数；c^* 为径向间隙系数；m 为模数。

齿条型刀具加工齿轮的过程如图 4-7 所示。

图 4-7 中，C 为节点；nn 为刀具圆角与过渡曲线接触点的公法线；α'_k 为 nn

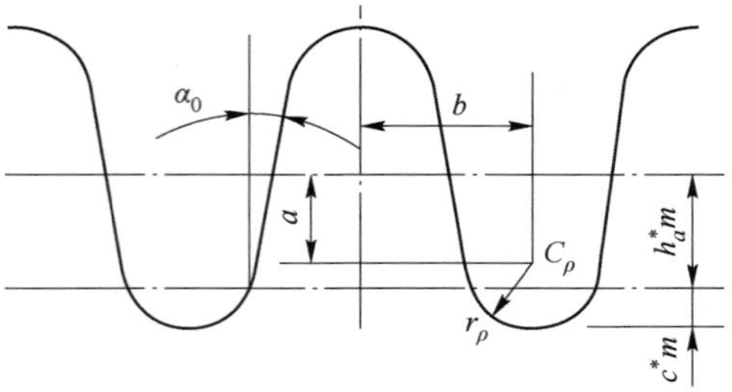

图 4-6　齿条刀具结构

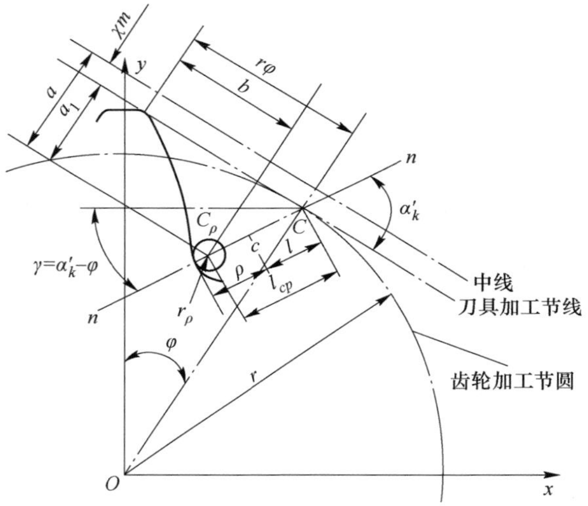

图 4-7　齿条刀具加工齿轮过程

与刀具加工节线的夹角；χm 为刀具中线与切削节线的间距，称为变位量；χ 为变位系数。这种齿根过渡曲线的某些参数间具有的关系为

$$\left.\begin{aligned} a &= h_a^* m + c^* m - r_\rho \\ b &= \frac{\pi m}{2} \\ r_\rho &= \frac{\pi m - 4h_a^* m\tan\alpha_0}{4\cos\alpha_0} \\ c^* m &= r_\rho(1-\sin\alpha_0) \end{aligned}\right\} \tag{4-6}$$

对于标准直齿圆柱齿轮，刀具的中线与节线重合，$\chi=0$，得出在图 4-7 所示坐标系下延伸渐开线等距曲线的参数方程为

$$\left.\begin{aligned} x_k &= \frac{mz}{2}\sin\varphi - \left(\frac{a}{\sin\alpha'_k} + r_\rho\right)\cos(\alpha'_k - \varphi) \\ y_k &= \frac{mz}{2}\cos\varphi - \left(\frac{a}{\sin\alpha'_k} + r_\rho\right)\sin(\alpha'_k - \varphi) \end{aligned}\right\} \tag{4-7}$$

式中，$\varphi = (a/\tan\alpha'_k + b)/(mz/2)$；$\alpha'_k$ 为变参数，当压力角在 $\alpha_0 \sim 90°$范围内变化时，对应不同的 α'_k 角，可求得过渡曲线上任意点的坐标。

4.3 啮合面热流量计算与数值模拟

在齿轮传动过程中轮齿间的啮合面相互推压产生相对滑动，导致了摩擦生热。啮合齿面间摩擦热流量主要包括三个方面：齿面间滑动摩擦、滚动摩擦及金属弹塑性变形引起的内摩擦。滚动摩擦与金属弹塑性变形引起的内摩擦的所占的摩擦生热量比例很小，在工程计算中通常忽略不计，因此仅计算由滑动摩擦产生的热量。

4.3.1 齿轮啮合面热流量

齿轮啮合面摩擦生热产生的热流量主要与平均接触压力、相对滑动速度和摩擦系数相关。啮合接触区的平均接触压力及相对滑动速度均随着啮合点的位置不同而不同，从而导致齿轮啮合面的热流量呈现出不均匀分布。即须将齿轮接触区的啮合点 S 随着在轮齿半径 r_S 的变化来计算齿轮啮合面的瞬时热流量。而轮齿其他面如齿轮端面、齿顶面、齿根面及非啮合工作齿面需考虑与油气混合物（空气和润滑油的混合物）对流换热来进行等效或简化计算。

4.3.1.1 齿面间平均接触压力

在渐开线直齿轮传动过程中，轮齿间的啮合传动是由单齿啮合与双齿啮合交替进行的，当处于单齿啮合状态时，载荷是由一对轮齿啮合所承担的，而当处于双齿啮合时，载荷是由两对轮齿共同承担的，为使齿轮传动过程中啮合轮齿间的载荷问题得到简化，引入啮合区轮齿载荷分配系数 K_α，并设当处于单齿啮合时为 $K_\alpha = 1$，双齿啮合时 $K_\alpha = 0.5$。故在啮合点 S 处的法向载荷 F_S 为

$$F_S = 9.55 \times 10^6 \times \frac{K_\alpha P}{n_1 r_S \cos\alpha_0} \tag{4-8}$$

式中，P 为该对齿轮所传递的功率。

主、从动齿轮在啮合点 S 处的曲率半径 R_{S1}、R_{S2} 为

$$R_{S1} = \frac{mz_1}{2}\sin\alpha_S \pm d_S \tag{4-9}$$

$$R_{S2} = \frac{mz_2}{2}\sin\alpha_S \mp d_S \tag{4-10}$$

式（4-9）和式（4-10）中，上层符号适用于主动轮的齿顶或从动轮的齿根在接触区啮合点 S 与节点 C 之间的情形（见图4-8）；下层符号适用于主动轮的齿根或从动轮的齿顶在接触区啮合点 S 与节点 C 之间的情形。

因此，得到啮合点 S 处的综合曲率半径 R_S 为

$$R_S = \frac{R_{S1} R_{S2}}{R_{S1} + R_{S2}} \tag{4-11}$$

根据赫兹公式在啮合点处的最大接触压力 $p_{\max}$ 为

$$p_{\max} = \sqrt{\frac{E' F_S}{2\pi R_S b}} \tag{4-12}$$

式中，$E' = \dfrac{E_1 E_2}{E_1 + E_2}$ 为齿轮材料的综合弹性模量；b 为齿宽。

故可得啮合点 S 处平均接触压力为

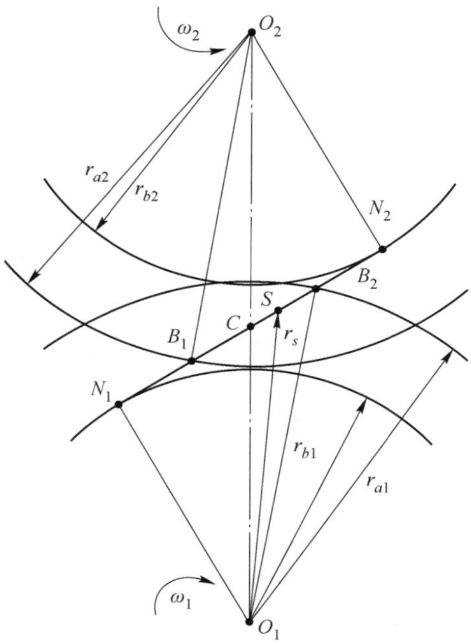

图4-8　直齿圆柱齿轮传动过程

$$\bar{p} = \frac{\pi}{4} p_{\max} \tag{4-13}$$

4.3.1.2　齿面间相对滑动速度

在齿轮的工作过程中，由于主动齿轮与从动齿轮存在着尺寸差别，以及转速的不同，可知主、从齿轮在运动方向上的速度也是不相同的。因此主、从齿轮在啮合面接触点的切线方向上的绝对速度也不同，且存在着啮合齿面间的相对滑动。进而可知主、从动轮间的相对滑动速度是决定摩擦生热量的一个重要因素。渐开线直齿圆柱齿轮的传动过程如图4-8所示。

如图4-8所示，O_1、O_2 分别为主动轮和从动齿轮回转中心；ω_1、ω_2 分别为主动齿轮和从动齿轮的角速度；$\overline{N_1 N_2}$ 为主动齿轮和从动齿轮的理论啮合线；B_1 为主动齿轮和从动齿轮相互啮合起始点；B_2 为主动齿轮和从动齿轮相互啮合结束点；r_{b1}、r_{b2} 分别为主动齿轮和从动齿轮的基圆半径；r_{a1}、r_{a2} 分别为主动齿轮和从动齿轮的齿顶圆半径；S 为主动齿轮和从动齿轮的啮合点。

在啮合线上节点 C 与啮合点 S 的距离 d_S 为

$$d_S = \mp \frac{m z_1}{2} \sin\alpha_S \pm \sqrt{\left(\frac{m z_1}{2} \sin\alpha_S\right)^2 - \left(\frac{m z_1}{2}\right)^2 + r_S^2} \tag{4-14}$$

式中，m 为齿轮的模数；z_1 为主动轮的齿数；α_S 为主动轮上啮合点 S 的压力角；r_S 为在主动轮上啮合点 S 的半径。上层符号适用于主动轮的齿顶或从动轮的齿根在接触区啮合点 S 与节点 C 之间的情形；下层符号适用于主动轮的齿根或从动轮的齿顶在接触区啮合点 S 与节点 C 之间的情形。

主动齿轮和从动齿轮在啮合点 S 沿接触切线方向的绝对速度 V_{S1} 和 V_{S2}，可分别表示为

$$V_{S1} = \frac{2\pi n_1\left(\frac{mz_1}{2}\sin\alpha_S \pm d_S\right)}{60 \times 1000} \tag{4-15}$$

$$V_{S2} = \frac{2\pi n_2\left(\frac{mz_2}{2}\sin\alpha_S \mp d_S\right)}{60 \times 1000} \tag{4-16}$$

式（4-15）和式（4-16）中，z_2 为从动齿轮的齿数；n_1 为主动齿轮的转速；n_2 为从动齿轮的转速。上、下层符号的含义分别与式（4-14）中上、下层符号的含义相同，则主动齿轮与从动齿轮在啮合点 S 处的相对滑动速度 v 为

$$v = |v_{S1} - v_{S2}| \tag{4-17}$$

4.3.1.3 齿面滑动摩擦系数的确定

齿面滑动摩擦系数随着主、从动轮的啮合位置的不同而变化，同时也存在着对齿面瞬时摩擦系数的诸多影响因素如齿轮材料、齿面粗糙度、切线速度和润滑油特性等。通过实验测得的钢制齿面滑动的摩擦系数为0.06～0.08，此时的摩擦系数含有滚动轴承的摩擦损失，当忽略轴承的损失后，齿面滑动摩擦系数大约降低1/5～1/4，为0.045～0.065，本节取齿面滑动摩擦系数 $f=0.05$。

4.3.1.4 啮合面的热流密度计算

齿轮在接触区啮合产生的摩擦热主要与齿面间的接触压力、齿面滑动摩擦系数和相对滑动速度有关。啮合面的热流量分别流入主动与从动齿轮，再由齿轮与润滑油及油气混合物通过热交换向周围介质扩散。根据齿轮啮合原理，在接触区任一啮合点 S 处单位面积上的瞬时摩擦热流量（热流密度）Q_S 为

$$Q_S = \bar{p}fv \tag{4-18}$$

式中，$\bar{p}$ 为齿面间的平均接触压力，N；f 为齿面间的摩擦系数；v 为齿面间的相对滑动速度，m/s。

主、从齿轮的材料、导热系数及边界热阻条件等不尽相同，因此主动齿轮与从动齿轮间摩擦热流量的分配也是不同的。即摩擦热流量 Q_S 并不是均等的分配给主动齿轮与从动齿轮。故引入热流量分配系数 Λ_0，则输入主、从动齿轮的热流量 Q_{S1}、Q_{S2} 可分别表示为

$$\left.\begin{aligned} Q_{S1} &= \Lambda_0 Q_S \\ Q_{S2} &= (1-\Lambda_0) Q_S \end{aligned}\right\} \tag{4-19}$$

主、从动齿轮的热流量分配系数 Λ_0 为

$$\Lambda_0=\frac{\sqrt{k_1\rho_1c_1V_{S1}}}{\sqrt{k_1\rho_1c_1V_{S1}}+\sqrt{k_2\rho_2c_2V_{S2}}} \tag{4-20}$$

式中，k_1、k_2 分别为主动与从动齿轮的导热系数；ρ_1、ρ_2 分别为主动与从动齿轮的密度；c_1、c_2 分别为主动与从动齿轮的比热容。

4.3.2 对流换热系数的确定

4.3.2.1 齿轮啮合面对流换热系数

本节主要介绍高速重载条件下的齿轮传动，具有较高的圆周速度。冷却方式为在主、从齿轮的啮出侧采用喷油润滑，目的是将高压润滑油直接喷在齿轮啮合面的节点处，以使润滑油通过热交换带走更多由齿面间摩擦产生的热量。故齿轮啮合面的对流换热系数 h_m 为

$$h_m=\frac{\sqrt{\omega}}{2\pi}\sqrt{k_o\rho_oc_o}\left(\frac{\delta_or_c}{v_oH}\right)^{1/4}q_{tot} \tag{4-21}$$

式中，ω 为齿轮的角速度；k_o 为润滑油的热传导率；ρ_o 为润滑油的密度；c_o 为润滑油的比热容；$\delta_o=k_o/\rho_oc_o$ 为润滑油导温系数；v_o 为润滑油运动黏度；r_c 为齿轮节圆半径；H 为齿高；q_{tot}为标准冷却量，标准化冷却量 q_{tot}可展开成泰勒级数表示为

$$q_{tot}=0.967-0.2328\zeta-0.02\zeta^2+0.01383\zeta^3 \tag{4-22}$$

式中，ζ 为变参数，表示高压润滑油在喷油过程中运动黏度随润滑油温度的变化对于标准化冷却总量的影响，

$$\zeta=t_s\varphi \tag{4-23}$$

式中，t_s 和 φ 可由方程组（4-24）解得

$$\left.\begin{aligned}t_s&=t_\theta-t_{in}\\ \varphi&=-\ln(v_\theta/v_o)/t_s\end{aligned}\right\} \tag{4-24}$$

式中，t_θ 为润滑油的抛射温度；v_θ 为润滑油在抛射温度下的运动黏度；t_{in}为润滑油入口处的供油温度。

4.3.2.2 齿轮端面对流换热系数

在喷油润滑的齿轮传动中，齿轮周围的介质通常为空气与润滑油的混合物。齿轮端面的对流换热系数也通常等效为旋转圆盘的对流换热问题。所以，齿轮端面的对流换热系数是由齿轮的旋转速度、齿轮端面上空气和润滑油的混合物的流动类型及齿轮端面上的径向位置共同决定的。

在齿轮端面上润滑油与空气的混合物流动类型可分为三种，分别为层流、过渡层流和紊流。可以根据旋转雷诺数（Reynold）取值范围的不同来确定油气混合物的流动类型。

$$Re = \omega r_k^2 / \nu_f \tag{4-25}$$

式中，Re 为润滑油与空气混合物的旋转雷诺数；r_k 为齿轮端面上的点所对应的旋转半径；ω 为齿轮旋转角速度；ν_f 为润滑油与空气混合物的运动黏度。

层流状态：当 $Re \leqslant 2 \times 10^5$ 时，润滑油和空气的混合物在齿轮端面上的流动类型属于层流状态。当油气混合物处于层流状态时其齿轮端面的对流换热系数与齿轮端面上的点所对应的旋转半径无关，则此时油气混合物在齿轮端面上的对流换热系数 h_s 为

$$h_s = \frac{k_f Nu}{r_k} = 0.308 k_f (m+2)^{0.5} Pr^{0.5} \left(\frac{\omega}{\nu_f}\right)^{0.5} \tag{4-26}$$

式中，Nu 为润滑油和空气混合物的努赛尔数，定义为

$$Nu = \frac{h_s r_k}{k_f} = 0.308 (m+2)^{0.5} Pr^{0.5} Re^{0.5} \tag{4-27}$$

过渡层流状态：当 $2 \times 10^5 < Re \leqslant 2.5 \times 10^5$ 时，润滑油和空气的混合物在齿轮端面上的流动类型属于过渡层流状态，则此时油气混合物在齿轮端面上的对流换热系数 h_s 为

$$h_s = \frac{k_f Nu}{r_k} = 10 \times 10^{-20} k_f \left(\frac{\omega}{\nu_f}\right)^4 r_k^7 \tag{4-28}$$

式中，油气混合物努赛尔数 Nu 定义为

$$Nu = \frac{h_s r_k}{k_f} = 10 \times 10^{-20} Re^4 \tag{4-29}$$

紊流状态：当 $Re > 2.5 \times 10^5$ 时，润滑油和空气的混合物在齿轮端面上的流动类型属于紊流状态，则此时油气混合物在齿轮端面上的对流换热系数为

$$h_s = \frac{k_f Nu}{r_k} = 0.0197 k_f (m+2.6)^{0.2} Pr^{0.6} \left(\frac{\omega}{\nu_f}\right)^{0.8} r_k^{0.6} \tag{4-30}$$

式中，油气混合物努赛尔数 Nu 定义为

$$Nu = \frac{h_s r_k}{k_f} = 0.0197 (m+2.6)^{0.2} Pr^{0.6} Re^{0.8} \tag{4-31}$$

式（4-26）~式(4-31）中，k_f 为润滑油和空气混合物的热传导率；Pr 为润滑油和空气混合物的普朗特数；m 为定义圆盘表面温度沿径向分布变化规律的常数，通常假设圆盘表面温度沿径向分布变化具有二次分布规律，故取 $m=2$。

4.3.2.3 齿根面、齿顶面和非啮合面的换热系数

处于稳态工作中的齿轮，其齿顶面、齿根面和非啮合齿面也与油气混合物进行强制对流换热，其对流换热系数 h_p 可近似为啮合面的 1/3 ~ 1/2。

$$\frac{h_m}{3} \leqslant h_p \leqslant \frac{h_m}{2} \tag{4-32}$$

4.3.2.4 传动轴对流换热系数

A 传动轴对流换热系数

传动轴外圆柱面与润滑油和空气混合物之间的对流换热过程可以等效为水平旋转圆柱在流体内的对流换热问题。故对流换热系数 h_g 为

$$h_g = \frac{0.133 Re_{\mathrm{mix}}^{\frac{2}{3}} Pr_{\mathrm{mix}}^{\frac{1}{3}} k_{\mathrm{mix}}}{d_w} \tag{4-33}$$

式中，d_w 为传动轴的外径，该式适用于 $0.7 < Pr_{\mathrm{mix}} < 670$，$Re_{\mathrm{mix}} < 43300$，且可以忽略自然对流效果的情况。

B 内圆柱面的对流换热系数

内圆柱面与润滑油和空气混合物的对流换热过程可以等效为具有轴向空气流动的旋转圆柱内圆柱面的对流换热问题。轴向雷诺数 $Re_{\mathrm{mix_a}}$ 和旋转雷诺数 $Re_{\mathrm{mix_r}}$ 分别见式（4-34）和式（4-35）。

$$Re_{\mathrm{mix_a}} = \frac{4V_l}{\pi v_{\mathrm{mix}} d_n} \tag{4-34}$$

$$Re_{\mathrm{mix_r}} = \frac{\omega_1 d_n^2}{2v_{\mathrm{mix}}} \tag{4-35}$$

当旋转雷诺数 $Re_{\mathrm{mix_r}} < 2.77 \times 10^5$ 时，内圆柱面与润滑油和空气混合物的对流换热系数 h_p 为

$$h_p = \frac{(0.01963 Re_{\mathrm{mix_a}}^{0.9285} + 8.5101 \times 10^{-6} Re_{\mathrm{mix_r}}^{1.4513}) k_{\mathrm{mix}}}{d_n} \tag{4-36}$$

当雷诺数为 $Re_{\mathrm{mix_r}} > 2.77 \times 10^5$ 时，内圆柱面与润滑油和空气混合物的对流换热系数 h_p 为

$$h_p = \frac{2.85 \times 10^{-4} Re_{\mathrm{mix_r}}^{1.19}}{d_n} \tag{4-37}$$

C 传动轴侧面对流换热系数

传动轴端面与润滑油和空气混合物的对流换热问题可以简化为旋转圆盘的对流换热问题。而通常传动轴侧面的半径非常小，因此可近似地认为传动轴侧面的油气混合物处于层流状态，故对流换热系数 h_s 为

$$h_s = 0.308 k_{\mathrm{mix}} (m_D + 2)^{0.5} Pr_{\mathrm{mix}}^{0.5} \left(\frac{\omega_1}{v_{\mathrm{mix}}} \right)^{0.5} \tag{4-38}$$

4.3.3 有限元数值模拟

4.3.3.1 导热微分方程及定解条件

导热微分方程是建立在能量守恒定律和傅里叶定律的基础上，其主要研究由温度差引起的物体热量传递过程和由物质组成浓度差引起的物质迁移现象，并建

立数学模型和定解条件。以傅里叶定律和能量守恒定律建立的物体各点温升的关系式就是导热微分方程。导热微分方程可以表示为

$$\rho c\frac{\partial t}{\partial \tau}=\frac{\partial}{x}\left(\lambda\frac{\partial t}{\partial x}\right)+\frac{\partial}{y}\left(\lambda\frac{\partial t}{\partial y}\right)+\frac{\partial}{z}\left(\lambda\frac{\partial t}{\partial z}\right)+q_v \tag{4-39}$$

式中，ρ 为物体密度；c 为物体比热容；t 为与坐标有关的温度场分布函数；τ 为时间；λ 为齿轮材料各方向的导热系数；q_v 为物体内部热源的加热速率。

在齿轮稳态温度场中，导热微分方程是不含内部热源的，即 $q_v=0$，又有稳态温度场不随时间变化可知，即 $\partial t/\partial\tau=0$，并且齿轮材料的导热系数在各个方向上是相同的，故导热微分方程式（4-39）可以简化为

$$\frac{\partial^2 t}{\partial x^2}+\frac{\partial^2 t}{\partial y^2}+\frac{\partial^2 t}{\partial z^2}=0 \tag{4-40}$$

导热微分方程是描述物体导热共性的通用数学表达式，针对求解不同的导热问题还需设定特定的定解条件。对于稳态温度场导热问题求解，定解条件中只有边界条件，没有初始条件。在导热问题中设定的边界条件大致可分为三类：

（1）给定了边界上的温度分布，称为第一类边界条件。此类边界条件上的温度可以是恒定的也可以是随时间变化的，通常第一类边界条件给定边界温度值为常数，即 t_w = 常量。

（2）给定了边界上的热流密度值，称为第二类边界条件。此类边界条件通常是给定的边界条件上的热流密度为定值，即 q_w = 常数。

（3）给定物体边界条件上的表面传热系数 h 及周围流体的温度 t_f 称为第三类边界条件。通常第三类边界条件可表示为

$$-\lambda\left(\frac{\partial t}{\partial n}\right)_w=h(t_w-t_f) \tag{4-41}$$

式中，n 为换热表面的外法线；t_f 为流体的温度；t_w 为物体表面的温度；h 为对流换热系数。

4.3.3.2 确定齿轮边界条件

在稳态温度场中，可认为齿轮各齿的温升是相同的，因此只需建立单齿模型对齿轮的热平衡状态进行分析。如图 4-9 所示，根据牛顿冷却定律和傅里叶定律，对齿轮不同表面的对流边界条件定义如下。

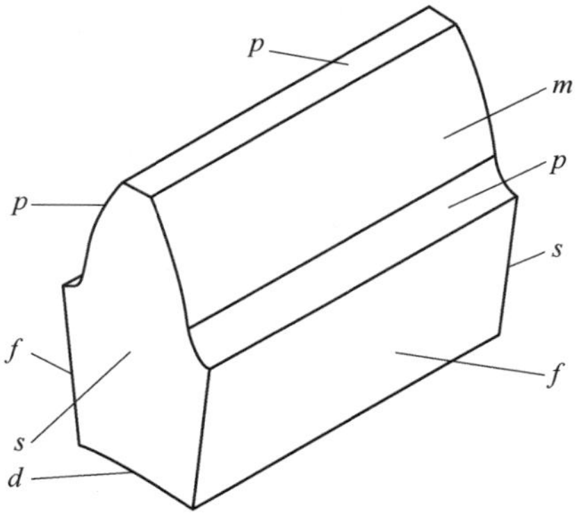

图 4-9 单齿计算区域

（1）啮合齿面（m 面）。齿轮啮合面具有摩擦热流量和对流换热两种边界条件，即同时符合第二类和第三类边界条件，故啮合面的边界条件为

$$-\lambda\left(\frac{\partial t}{\partial n}\right)=h_m(t-t_m)+q_m \tag{4-42}$$

(2) 齿顶面、齿根面、非啮合面（p 面）。齿轮齿顶面、齿根面及齿轮非啮合面只存在对流换热边界条件，即属于第三类边界条件，故对流换热的边界条件为

$$-\lambda\left(\frac{\partial t}{\partial n}\right)=h_p(t-t_p) \tag{4-43}$$

(3) 齿轮端面（s 面）。齿轮端面也只存在对流换热边界条件，即也属于第三类边界条件，故齿轮端面的对流换热边界条件为

$$-\lambda\left(\frac{\partial t}{\partial n}\right)=h_s(t-t_s) \tag{4-44}$$

(4) 齿底面（d 面）。齿轮底面相距齿轮啮合面较远，温度梯度变化较小，因此假设其为绝热表面，其齿轮底面的边界条件为

$$\frac{\partial t}{\partial n}=0 \tag{4-45}$$

(5) 齿轮分截面（f 面）。齿轮分齿截面的边界条件为

$$\left.\begin{aligned}t|_{f_1}&=t|_{f_2}\\ \left.\frac{\partial t}{\partial n}\right|_{f_1}&=\left.\frac{\partial t}{\partial n}\right|_{f_2}\end{aligned}\right\} \tag{4-46}$$

式 (4-42) ~ 式(4-46) 中，$\partial t/\partial n$ 为各相应齿轮面的温度梯度；q_m 为输入齿轮啮合面的热流密度；h_m、h_p、h_s 分别为各相应齿轮面的对流换热系数；t_m、t_p、t_s 分别为各相应齿轮面对流换热的介质温度；$t|_{f_1}$、$t|_{f_2}$分别为分齿截面温度。

4.4　温度对模态影响的基本理论

4.4.1　模态分析理论

模态分析是 20 世纪 30 年代在机械阻抗与导纳的概念上发展起来的一种确定结构振动特性的方法，其目的是识别出系统的模态参数，即系统的模态频率、模态矢量、模态阻尼比、模态质量、模态刚度等参数。模态分析可为结构系统的振动分析、振动故障诊断和预测、结构动力特性的优化设计提供理论依据。

振动系统的模态特性是系统结构的固有特性，通过模态分析其结构的总质量和刚度来找到它的固有频率。当外界激励力的频率等于或者接近于振动系统的固有频率时，系统将会发生共振现象。通常将模态分析方法分为数值模态分析方法和试验模态分析方法。数值模态分析可用有限元软件（如 ANSYS、ABAQUS 等）来实现，而试验模态分析则是对结构施加激振力，然后观察其相应的结构响应，

再求出结构的频响函数矩阵，同时识别出该结构的模态参数，最后得到结构固有的动态特性，如固有频率、振型和阻尼比等。通常在模态分析结果中，结构的固有频率值及振型是模态研究的热点。

对于一个具有 n 个自由度的线性振动系统，其运动微分方程可以表示为

$$[M]\{\ddot{x}\}+[C]\{\dot{x}\}+[K](x)=\{Q\} \tag{4-47}$$

式中，$[M]$、$[C]$和$[K]$分别为 $n\times n$ 阶的质量矩阵、阻尼矩阵和刚度矩阵；$\{x\}$、$\{\dot{x}\}$、$\{\ddot{x}\}$和$\{Q\}$分别为广义坐标、广义速度、广义加速度和广义力的 n 维向量。

如果系统中无阻尼，其运动微分方程则变为

$$[M][\ddot{x}]+[K]\{x\}=0 \tag{4-48}$$

式（4-47）表示一组 n 维的齐次微分方程组，即

$$\sum_{j=1}^{n} m_{ij}\ddot{x}_j+\sum_{j=1}^{n} k_{ij}x=0 \quad (i,j=1,2,\cdots,n) \tag{4-49}$$

式（4-49）的解可以表示为

$$x_j(t)=u_j f(t) \quad (j=1,2,\cdots,n) \tag{4-50}$$

式中，u_j 是一组常数；$f(t)$对于广义坐标 $x_j(t)$是相同的。

将式（4-50）代入式（4-49）有

$$\ddot{f}(t)\sum_{j=1}^{n} m_{ij}u_j+f(t)\sum_{j=1}^{n} k_{ij}u_j=0 \quad (i,j=1,2,\cdots,n) \tag{4-51}$$

式（4-51）可以表示为

$$-\frac{\ddot{f}(t)}{f(t)}=\frac{\sum_{j=1}^{n} k_{ij}u_j}{\sum_{j=1}^{n} k_{ij}u_j} \quad (i,j=1,2,\cdots,n) \tag{4-52}$$

由式（4-52）可知，方程左边与下标 j 没有依赖关系，方程右边与时间 t 没有依赖关系，因而在方程中的比值必定为常数，并可证明该比值为一正实数，令 $\lambda=\omega^2$，于是得到

$$\ddot{f}(t)+\omega^2 f(t)=0 \tag{4-53}$$

$$\sum_{j=1}^{n}(k_{ij}-\omega^2 m_{ij})u_{ij}=0 \quad (i,j=1,2,\cdots,n) \tag{4-54}$$

当存在同步运动时，那么它必须是时间的简谐函数，所以式（4-53）的解可以表示为

$$f(t)=C\sin(\omega t+\varphi) \tag{4-55}$$

式中，C 为任意常数；ω 为简谐运动的频率；φ 为相角。

将式（4-54）写成矩阵形式，即

$$([K]-\omega^2[M])\{u\}=0 \tag{4-56}$$

式（4-56）有非零解的条件是：小括号内的行列式必须为零，即

$$\Delta(\omega^2)=\det([K]-\omega^2[M])=0 \tag{4-57}$$

式中，$\Delta(\omega^2)$为特征行列式；式（4-57）为特征方程（或频率方程），将其展开可解得

$$\omega^{2n}+a_1\omega^{2(n-1)}+a_2\omega^{2(n-2)}+\cdots+a_{n-1}\omega^2+a_n=0 \tag{4-58}$$

式（4-58）有 n 个为特征值的根 $\omega_r^2(r=1,2,\cdots,n)$，$\omega_r(r=1,2,\cdots,n)$为振动系统的固有频率。由小到大依次排列为

$$\omega_1\leqslant\omega_2\leqslant\cdots\leqslant\omega_r\leqslant\cdots\leqslant\omega_n$$

将系统的固有频率 $\omega_r(r=1,2,\cdots,n)$分别代入式（4-56），得

$$([K]-\omega_r^2[M])\{u^{(r)}\}=0 \quad (r=1,2,\cdots,n) \tag{4-59}$$

并求得与其对应的特征向量$\{u^{(r)}\}=[u_1^{(r)} \quad u_2^{(r)} \quad \cdots \quad u_n^{(r)}]^{\mathrm{T}}$ $(r=1,2,\cdots,n)$，即为振型向量或模态向量，亦为系统的固有振型。

4.4.2 温度对模态的影响

温升对结构模态的影响主要是温度对结构刚度矩阵$[K]$的变化导致的，受温升影响的结构刚度主要包含两个方面：

（1）结构温升导致材料力学性能发生变化，即材料的弹性模量和泊松比发生变化，从而导致结构的初始刚度矩阵发生变化，结构温升后的初始刚度矩阵为

$$[K_{\mathrm{T}}]=\int_{\Omega}[B]^{\mathrm{T}}[D_{\mathrm{T}}][B]\mathrm{d}\Omega \tag{4-60}$$

式中，$[B]^{\mathrm{T}}$为几何矩阵；$[D_{\mathrm{T}}]$为与材料力学性能相关的弹性矩阵，结构温度的变化会导致弹性矩阵$[D_{\mathrm{T}}]$的力学性能发生相应的变化。

（2）结构温升导致结构内部温度梯度的存在，从而形成不均匀的温度场引起了热应力，最终导致结构内部产生拉应力或者压应力使其局部刚度发生变化。温升后的初始应力刚度矩阵为

$$[K_{\sigma}]=-\int_{\Omega}[G]^{\mathrm{T}}[\Gamma][G]\mathrm{d}\Omega \tag{4-61}$$

式中，$[G]$为形函数矩阵；$[\Gamma]$为应力矩阵。

综上所述，结构的刚度矩阵就变为考虑温升对结构模态影响的热刚度矩阵，即

$$[K]=[K_{\mathrm{T}}]+[K_{\sigma}] \tag{4-62}$$

在工程实际中，结构的温升导致的热变形通常为小变形，小变形对结构固有的刚度影响较小，而大变形将会导致结构的失效和破坏。

4.4.3 热应力的基础理论

热应力是由温升引起的结构热变形受到约束，即受到结构内部各部分之间的

约束或受到其他外界结构的约束而产生的。其根本原因大致可归纳为以下六种情况：

（1）结构的温升产生膨胀或收缩受到其他外界结构的约束，则在其内部会产生热应力。

（2）结构内部各部分之间存在温差，即便未受到其他外界结构的约束，各部分的温差导致结构的膨胀程度不同，彼此相互影响，也会在结构内部产生热应力。

（3）在结构体内部如果其材料是各向异性的，即便有相同的温度梯度，在不同方向上的热变形也是不同的，导致结构内部相互制约，从而产生热应力。

（4）结构由不同的线膨胀系数材料组成，在同样的温升下，也会引起热应力的产生。

（5）结构内部有夹杂。

（6）不同零件的结构之间存在温差。

热应力的物理方程形式为

$$\left.\begin{aligned}\sigma_x &= \lambda \mathrm{e} + 2G\varepsilon_x - \beta T\\ \sigma_y &= \lambda \mathrm{e} + 2G\varepsilon_y - \beta T\\ \sigma_z &= \lambda \mathrm{e} + 2G\varepsilon_z - \beta T\\ \tau_{xy} &= G\gamma_{xy}\\ \tau_{xz} &= G\gamma_{xz}\\ \tau_{yz} &= G\gamma_{yz}\end{aligned}\right\} \tag{4-63}$$

式中，λ 为导热率；G 为拉梅系数；β 为热应力系数。

$$\lambda = \frac{E\mu}{(1+\mu)(1-2\mu)} \tag{4-64}$$

$$G = \frac{E}{2(1+\mu)} \tag{4-65}$$

$$\beta = \frac{Ea}{1-2\mu} = (3\lambda + 2G)a \tag{4-66}$$

式中，a 为常数；E 为弹性模量；μ 为泊松比。

4.4.4 齿轮热应力的求解

热应力的求解也是属于热－结构耦合分析。此时需要清除热分析时的载荷、添加随温升的材料属性、转换单元、读入温度场分析结果、添加约束及设置求解热应力时自由膨胀温度等操作，添加随温升的材料属性后能保证在读入温度场分析结果后不同部位具有不同的材料属性。实现求解热应力的几个重要命令如下：

```
Lsclear, all     ! 清除热分析时的载荷
Mptemp           ! 定义温度表
Mpdata           ! 定义弹性模量、泊松比和线膨胀系数
Etchg, tts       ! 将热单元转换成结构单元
Ldread           ! 读入热分析结果文件
Pstres, on       ! 打开预应力效应开关
```

4.5 考虑温度影响的齿轮转子模态分析

4.5.1 考虑温度影响的齿轮转子模态分析流程

由4.4节的理论可知，温升对齿轮转子模态的影响主要有两方面：温升引起材料力学性能（如弹性模量、泊松比及线膨胀系数等）的变化会影响齿轮转子的固有频率，进而影响齿轮转子的模态；温升导致不均匀温度场的存在，进而产生的热应力会影响齿轮转子的模态。采用ANSYS有限元数值仿真的APDL语言建立齿轮转子三维实体模型并对其进行考虑温升时的齿轮模态分析，其中齿轮转子热应力求解是采用载荷传递法来实现的，齿轮模态分析的具体步骤如下：

（1）采用APDL语言建立齿轮转子的三维实体模型。

（2）对三维齿轮转子的实体模型进行稳态温度场分析。

（3）清除稳态热分析时所施加的载荷和边界条件。

（4）重新设置齿轮转子的材料属性、弹性模量、泊松比及线膨胀系数。

（5）将热分析时的实体Solid70单元转换为结构分析实体单元Solid185。

（6）将热分析结果的节点温度作为体载荷施加到结构分析的模型中。

（7）施加边界添加及开启预应力效应选项并求解。

（8）结果后处理并保存结果文件。

（9）设置模态分析类型及相关选项。

（10）开启预应力效应选项并求解。

（11）查看模态分析结果并保存。

4.5.2 考虑温度影响的齿轮转子模态分析求解

采用4.5.1节所述的具体步骤和流程对三维齿轮转子实体模型进行在温升变化下的模态分析。主要几何参数见表4-1，齿轮转子的扭矩为140N·m，转速为13600r/min。

由于高速重载的工作环境对齿轮的材料提出了较高的要求，本节采用可耐350℃高温的高强度优质碳素钢16Cr3NiWMoVNbE，其热物理属性见表4-2。

表 4-1　齿轮的基本参数

基本参数	主动轮	从动轮
模　数	3	3
齿　数	20	34
压力角/(°)	25	25
齿宽/mm	15	14.5
齿顶高系数	1	1
间隙系数	0.25	0.25
变位系数	0	0
轮辐直径/mm	40	80
轮辐宽/mm	5	6

表 4-2　齿轮材料的热物理属性

温度/℃	弹性模量/GPa · m^{-2}	泊松比	比热容/J · (kg · K)$^{-1}$	导热系数/W · (m · ℃)$^{-1}$	线膨胀系数/℃	导温系数/m^2 · s^{-1}
100	213	0.39	542.2	29.7	10.36×10^{-6}	0.07005×10^{-4}
200	210	0.41	575.6	30.2	11.60×10^{-6}	0.06719×10^{-4}
300	206	0.45	615.5	30.8	12.37×10^{-6}	0.06401×10^{-4}
400	198	0.49	658.6	30.7	12.91×10^{-6}	0.05975×10^{-4}

考虑温度影响的模态分析属于热－结构耦合的多物理场分析，在首先进行的温度场分析时需将齿轮转子三维实体模型的单元类型设置为 Solid70 热分析单元。模型的网格划分方式采用扫掠法划分，并设置弹性模量、泊松比等性能参数。网格划分后的齿轮转子三维实体模型如图 4-10 所示。再计算出 4.3 节中所述的热流密度和对流换热系数等边界条件施加到模型中。然后求解齿轮转子的稳态温度场分布，并将结果文件保存为 .rth 文件。齿轮转子温度场的分析云图，如图 4-11 所示。

求解齿轮转子的热应力也属于热－结构耦合多物理场分析。具体步骤与 4.4.1 节求解考虑温度影响的模态分析大致相同，也需在温度场分析后清除热分析时的载荷及边界条件，随后设置随温升的材料属性（材料的弹性模量、泊松比及线膨胀系数等）以确保齿轮转子结构在不同部位具有不同的材料属性。转换单元属性（将 Solid70 热单元转化为 Solid185 结构单元），读入温度场分析的 .rth 结果文件，设置初始温度为 20℃，以及开启预应力选项。

当完成齿轮转子温度场和热应力分析的求解，随后再进行考虑温升影响的齿轮转子模态分析。激振频率（齿轮的啮合频率）多集中在齿轮转子固有频率的前几阶范围内，因此在对考虑温度影响的齿轮转子模态分析时只取其前 15 阶的

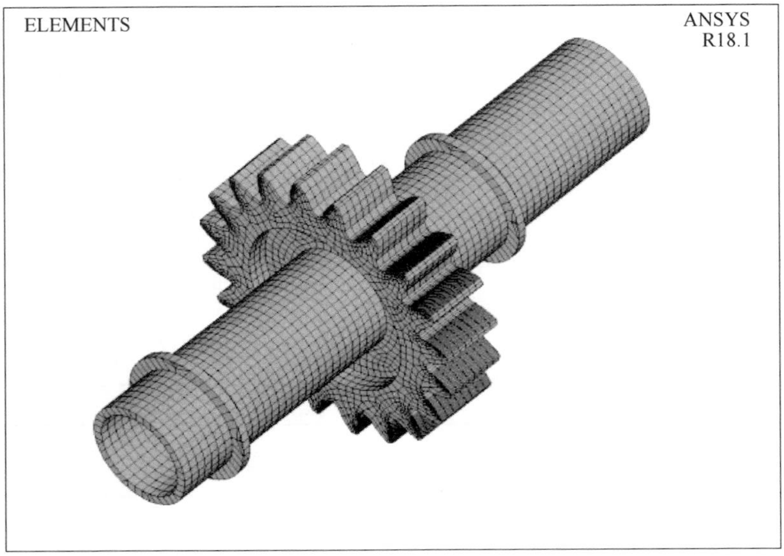

图 4-10　齿轮转子分网后模型

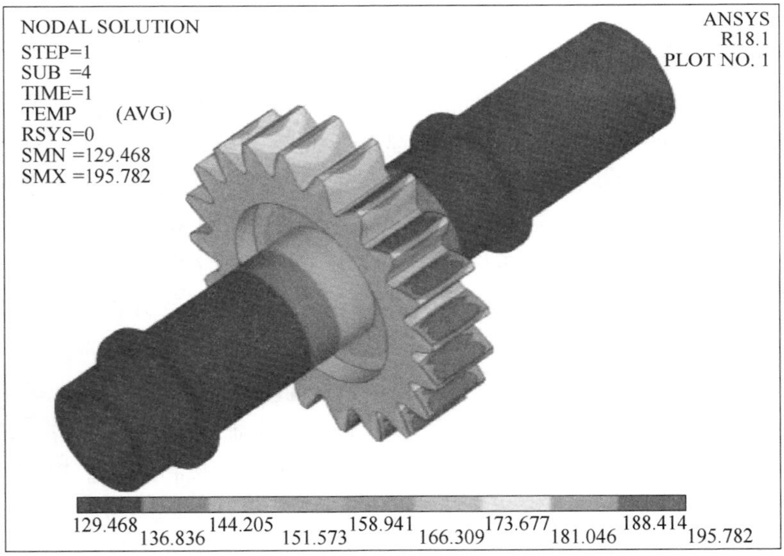

图 4-11　齿轮转子温度场云图

固有频率和相应的振型来进行研究即可满足要求。对于考虑温度影响的齿轮转子模态分析的三维实体模型是建立在求解完温度场和热应力的基础上，再进行热环境下的相关模态设置的，具体步骤如下：

（1）将分析类型设置为 Modal。

（2）设置模态提取方式。

（3）将模态扩展阶数设置为 15。

（4）开启预应力选项 PSTRES，将热应力作为模态的预应力加载到模态分析中。

（5）对热环境下的模态分析进行求解。

（6）保存结果文件并进行后处理。

4.6 考虑温度影响的齿轮转子系统共振可靠性及灵敏度分析

4.6.1 齿轮转子共振可靠性失效分析

产生结构共振的激励频率主要为齿轮转子啮合频率 P，计算公式为

$$P = nz/60 \tag{4-67}$$

式中，z 和 n 分别为齿轮转子的齿数和转数，r/min。

根据共振原理，当激励频率接近或等于固有频率时，齿轮转子将发生共振。在齿轮转子的制造过程中，由于制造误差、材料不均匀等随机因素的存在，齿轮转子的固有频率也是不确定的。温度的变化也会影响齿轮转子的固有频率。在多种随机因素的综合影响下，齿轮转子的固有频率也成为一个随机变量。根据可靠性干扰理论，随机结构失效分析的状态函数定义为

$$G_i(p,\omega_i) = |p-\omega_i| \quad (i=1,2\cdots,n) \tag{4-68}$$

式中，p 为激振频率；ω_i 为第 i 次的固有频率。

结构体系的共振会引起大量不超过阈值的响应引起结构破坏，使结构体系处于准破坏状态，即确定结构体系共振的准破坏状态为

$$G_i(p,\omega_i) = |p-\omega_i| \leqslant \gamma \tag{4-69}$$

式中，γ 为齿轮转子各阶固有频率的 15%。状态函数的均值和方差为

$$\mu_{g_i} = E(g_i) = |E(p) - E(\omega_i)| \tag{4-70}$$

$$\sigma_{g_i}^2 = \mathrm{var}(g_i) = \sigma_p^2 + \sigma_{\omega_i}^2 \tag{4-71}$$

系统结构的共振失效概率，即准失效概率为

$$p_{\mathrm{f}}^i = p^i(-\gamma \leqslant p-\omega_i \leqslant \gamma) \tag{4-72}$$

假设激励频率和固有频率分别服从独立的标准正态分布，则准失效概率为

$$p_{\mathrm{f}}^i = \Phi\left(\frac{\gamma-\mu_{g_i}}{\sigma_{g_i}}\right) - \Phi\left(\frac{-\gamma-\mu_{g_i}}{\sigma_{g_i}}\right) \tag{4-73}$$

对于齿轮转子结构，只要有一个接近一定固有频率的振动频率，就会发生共振，被认为处于失效状态。因此，基于结构系统固有频率和激励频率的随机结构系统可靠性分析应视为一个串联系统，整个齿轮－转子系统的失效概率可得

$$p_{\mathrm{f}} = 1 - \prod_{i=1}^{n}\prod_{j=1}^{m}(1 - p_{\mathrm{f}}^{ij}) \tag{4-74}$$

整个齿轮－转子系统的可靠度为

$$R_{\mathrm{f}} = 1 - p_{\mathrm{f}} = \prod_{i=1}^{n}\prod_{j=1}^{m}(1 - p_{\mathrm{f}}^{ij}) \tag{4-75}$$

4.6.2　考虑温度影响的齿轮转子系统共振可靠性分析

假设对齿轮固有频率影响较大的参数有：齿宽 ZB_2、模数 M、轴长 L_1、轴长 L_2，而且齿宽、模数也会对齿轮的摩擦热流量产生影响。影响材料力学性能的参数为：齿轮转子的弹性模量和密度。并假设齿轮转子的激励频率 p 也是随机参数及上述这些参数为随机变量且都服从正态分布。各随机变量的均值和标准差见表 4-3。

表 4-3　各随机变量的均值和标准差

参数	p/Hz	ZB_2/mm	M/mm	E/MPa	Den/kg · m^{-3}	L_1/mm	L_2/mm
均值	4533. 33	14. 5	3	2.1×10^5	7860	150	130
标准差	45. 3	0. 29	0. 0375	6.3×10^3	7. 86	0. 2	0. 2

齿轮转子系统二维尺寸变量示意图如图 4-12 所示。

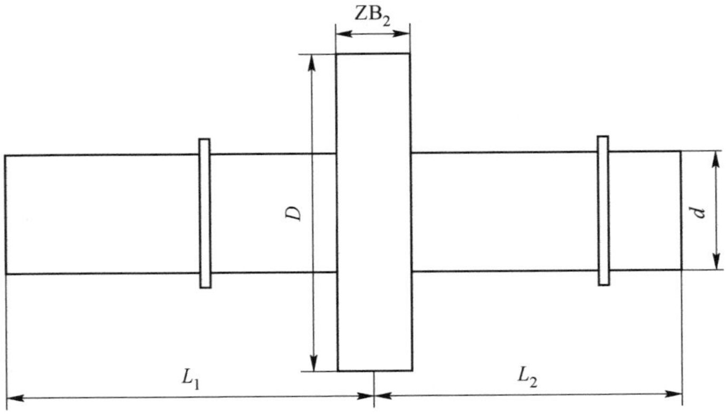

图 4-12　齿轮转子系统二维尺寸变量示意图

本节采用 4. 5. 2 节的综合考虑温度场和热应力共同作用下的热－结构耦合有限元模型的模态分析结果，和第 3 章提出的 PC-Kriging 模型和 Isomap-Clustering 策略的可靠性分析方法对齿轮转子系统进行了共振可靠性分析。

(1) 选取初始样本点。首先，采用 Nataf 变换将上述除激振频率以外的 6 个随机变量映射到标准正态空间，并使用拉丁超立方抽样方法在$[-5,5]^6$空间内选取 $N_0=12$ 个随机样本点。

(2) 计算响应值。通过 MATLAB 和 ANSYS 联合仿真分析得到样本集合中点对应的齿轮转子系统的前 6 阶固有频率，由表 4-3 可以发现，前 6 阶固有频率与激振频率较为接近，可视为易发生共振，因此采用前 6 阶由温升和热应力共同作用下的齿轮转子固有频率进行计算，并根据式 (4-76) 表示的功能函数得到对应的响应值。

$$G(\boldsymbol{X})=\min\{g_1(\boldsymbol{X}),g_2(\boldsymbol{X}),\cdots,g_6(\boldsymbol{X})\} \tag{4-76}$$

其中，

$$g_i(\boldsymbol{X})=\frac{|\omega_i-p|}{\omega_i}-0.1$$

式中，ω_i 为 ANSYS 仿真结果中第 i 阶固有频率。

(3) 建立代理模型 ($t=0$)。基于 3.2 节所提方法构建式 (4-65) 的 PC-Kriging 代理模型。

(4) 选取最佳样本点，更新代理模型($t=t+1$)。使用 MCMC 法生成满足要求的候补样本点，并采用 3.3 节所提 Isomap-Clustering 选点策略逐步选取最佳样本点加入样本集中，用于更新精度。

(5) 判断是否收敛。计算更新后的 PC-Kriging 模型的失效概率 $\hat{P}_f$ 及对应的误差上限 ε，如果误差上限小于 0.01，则说明模型精度满足要求输出结果。反之，返回步骤 (3) 和步骤 (4)。

最终得到失效概率估计值和相对误差变化曲线如图 4-13 所示，其中在使用

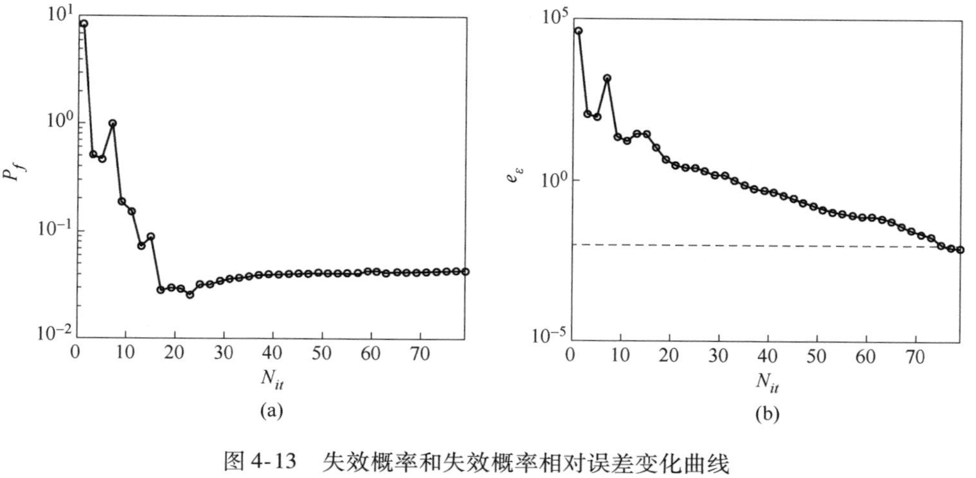

图 4-13 失效概率和失效概率相对误差变化曲线

(a) 失效概率变化曲线；(b) 失效概率相对误差变化曲线

Isomap-Clustering 方法进行选点时 k 值取 3，即每次迭代选择 3 个最佳样本点。可以发现失效概率在 76 次迭代时收敛失效概率为 4.7%，此时调用的总样本点数为 248。齿轮不发生共振的概率为 95.3%（见表 4-4）。

表 4-4　可靠性分析结果

迭代次数	样本点数	失效概率/%	相对误差/%
76	20 + 228	4.4	<0.01

4.6.3　考虑温度影响的齿轮转子系统可靠性灵敏度分析

可靠性灵敏度反映了随机参数对齿轮转子可靠性的影响。通过分析可以得到随机参数的可靠性灵敏度排序结果。在大多数情况下，研究随机参数（如均值和标准差）的统计特性对可靠性灵敏度的影响是有意义的。

关于随机参数的平均值和标准偏差，可靠性灵敏度写为

$$S(\mu_g) = \frac{\partial R}{\partial \mu_g} \times \frac{\mu_g}{R} \tag{4-77}$$

$$S(\sigma_g) = \frac{\partial R}{\partial \sigma_g} \times \frac{\sigma_g}{R} \tag{4-78}$$

将随机变量的均值和标准差的无量纲灵敏度取模，可得

$$S_i = \sqrt{S^2(\mu_g) + S^2(\sigma_g)} \tag{4-79}$$

于是得到各个随机变量的灵敏度因子 λ_i，可以更加清晰地描述各个参数对系统可靠性影响程度的大小。

$$\lambda_i = \frac{S_i}{\sum_{k=1}^{n} S_k} \times 100\% \tag{4-80}$$

齿轮转子系统随机参数的变化会影响转子的固有频率，进而影响齿轮转子的共振可靠性。不同参数的影响程度也不同。可靠性灵敏度分析是计算随机参数对可靠性的影响，如图 4-14 和图 4-15 的柱状图和饼图所示。

通过上述步骤计算了齿轮－转子系统的共振可靠性灵敏度和灵敏度系数。结果见表 4-5。随机变量对齿轮转子系统共振可靠性的影响如图 4-15 的柱面图所示。共振可靠性对 M 最敏感，其次是 EF 和 ZB_2，E 的影响最小。因此，在齿轮转子系统的设计过程中，应着重考虑齿轮模数、齿宽和激振频率，并根据工程背景对其进行改进和优化，以保证系统具有足够的可靠性。

根据图 4-14 中的各随机变量的均值灵敏度可知，随机变量 M 的均值灵敏度为正，说明其对齿轮转子共振可靠性的影响为负。如果增加随机变量的平均值，故障概率就会增加，齿轮系统就会变得不安全。随机变量 ZB_2 的均值灵敏度为

负，说明齿轮转子对共振可靠性有负面影响，效果是积极的。如果增加随机变量的平均值，故障概率将降低，齿轮系统将安全。

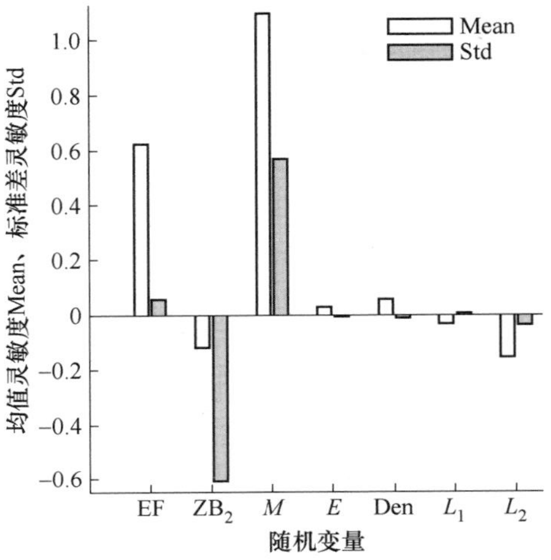

图 4-14 随机变量的灵敏度

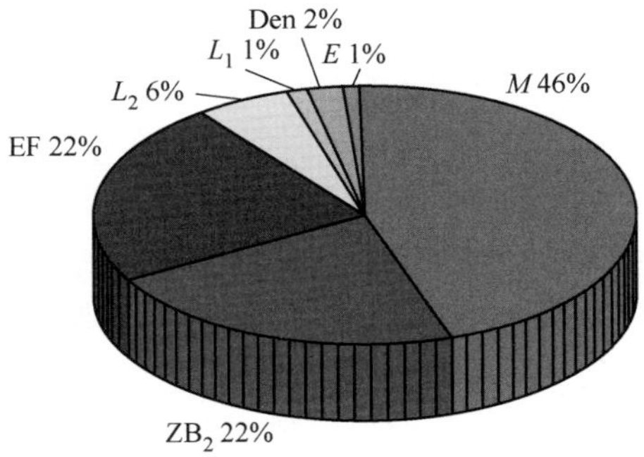

图 4-15 灵敏度因子的比例

表 4-5 齿轮转子的各随机参数对可靠度的灵敏度

参数	EF	ZB_2	M	E	Den	L_1	L_2
均值	0.6224	−0.1189	1.1297	0.0276	0.0570	−0.0335	−0.1553
标准差	−0.0554	−0.6090	−0.5645	−0.0047	−0.0081	−0.0049	−0.0389
比例因子	0.2241	0.2226	0.4530	0.0100	0.0207	0.0121	0.0574

从图 4-14 的各随机参数的标准方差灵敏度可以看出，随机变量的标准偏差灵敏度计算结果均为负值，随机变量的方差对齿轮转子系统的可靠性有负面影响。如果随机变量的方差变小，随机变量的波动就会降低，从而导致系统的可靠度将会增大，齿轮系统就会变得更加安全。各随机变量的灵敏度因子比例如图 4-15 所示。通过分析灵敏度因子比例图，可以清楚地看到各随机变量对转子系统共振可靠性的影响程度和趋势，从而知道如何控制这些随机变量的分布参数。

在齿轮转子的设计中，应考虑对可靠性更为敏感的随机参数，对可靠性不敏感的随机参数在设计和分析中可作为确定性参数。从图 4-14 可以看出，在随机变量 M、ZB_2、E 和 EF 中，共振可靠性对模量 M 最敏感，其次是 EF 和 ZB_2，E 的影响最小。因此，在工程中，研究的重点为齿轮的激振频率、设计模数和齿宽参数，以保证转子具有足够的共振可靠性。

5　基于 PC-Kriging 模型与主动学习的齿轮热状态传递误差可靠性分析

5.1　概　　述

齿轮的非渐开线误差作为传递误差的关键因素，其计算的准确性直接影响传动精度的研究与分析。而齿面温升将会导致齿轮齿廓渐开线误差的产生。在高速重载工况下的齿轮，齿面间的相对滑动将产生大量的摩擦热，导致轮齿温升过高从而改变齿轮材料的热膨胀特性，使得齿廓的理论渐开线发生变化引起齿轮的热传递误差，进而对齿轮的传动精度、传动平稳性及承载能力等产生不良影响，甚至会发生齿轮副“卡死”现象。因此，考虑热状态下的齿轮工作载荷传递误差的可靠性研究是非常具有工程实际意义的。

据作者所知，国内外对 PC-Kriging 模型的研究并不多，且尚未发现其在机械结构可靠性分析中的相关研究工作。为了丰富基于 PC-Kriging 模型的方法研究，提出一种 PC-Kriging 代理模型与主动学习函数 LIF 相结合的可靠性分析方法（PCK-LIF），并将其应用在齿轮的热状态下传递误差的可靠性分析中来说明所提方法的高效性和适用性。

5.2　考虑温度因素的齿轮传动误差

5.2.1　齿轮热变形基本理论

物体在受到外界作用力时其结构会发生变形，同时温度的变化也会对其结构产生影响，进而导致变形的发生，而由温升引起的结构变形通常被称为热变形。在机械设备中引起热变形的原因主要有两个方面：一方面来源于机械系统结构内部温度场的变化，通常是机械系统在传动中由摩擦而产生的温升，如高速运转的齿轮传动及其他的动力传动设备；另一方面为外界的环境温度的变化对机械设备的影响，如主要用来传递运动或者测量仪器。

对于齿轮的热变形分析不仅需要考虑温度场的分布情况，而且还需要考虑齿轮材料的热膨胀性能。温度的变化将导致齿轮变形处于膨胀或收缩的状态，采用热膨胀系数来表示齿轮单位温升所引起的齿轮体积的变化。热膨胀系数通常分为线膨胀系数和体膨胀系数，是表示材料的热膨胀性能的大小。热膨胀系数根据材料力学性能的不同其取值也不尽相同，又由于材料的各向同异性可知，对于各向同性的材料其热膨胀系数各个方向是相同的，而对于各向异性的材料其热膨胀系数沿各个方向一般是不同的。此外热膨胀系数也会随着温度的变化而发生变化。正确的选取和计算材料热膨胀系数是对齿轮热变形分析计算得出正确结果的前提。

齿轮的热变形属于热－结构耦合分析，是温度场和应力场共同作用产生的。首先需要对齿轮稳态温度场进行分析，然后将稳态温度场的分析结果（节点温度）作为体载荷施加到应力场中进行结构分析，最后在进行热－结构耦合下的齿轮热变形分析。

5.2.2 三维实体模型的建立

本节采用 ANSYS 有限元分析软件中的 APDL 语言对齿轮进行参数化建模，首先根据式（4-4）和式（4-5）建立如图4-4 所示的齿廓渐开线上的两个关键点（*A* 点和 *G* 点）及生成齿根过渡曲线所需的 *B* 点，再通过 *B* 样条曲线拟合关键点 *A* 和点 *G* 生成渐开线齿廓曲线和拟合关键点 *G* 和点 *B* 生成齿根过渡曲线，即获得了标准渐开线齿轮的齿廓曲线，最后通过若干特征操作命令如变换坐标系、镜像、拉伸、阵列等，即可得到具有标准渐开线齿轮齿廓曲线的三维实体模型。

已知一对标准渐开线直齿圆柱齿轮的主要参数：主动轮齿数 z_1 与从动轮齿数 z_2 分别为 20 和 34，齿轮模数 m 为 3，压力角 α_0 为 20°，顶隙系数 c^* 为 0.25，齿宽 B 为 15mm，并分别以主动轮与从动轮的轮齿中心线为轴线进行两齿轮的三维实体模型对称建模。然后将主动轮沿其轴线逆时针旋转 90°及将从动轮沿其轴线顺时针旋转 90°，并使两齿轮的中线重合。由于两齿轮在分度圆上的齿厚和齿槽宽是相等的，所以两齿轮需要分别做旋转调整即可到两齿轮节点啮合位置处，即主动齿轮需旋转 $360/(4z_1)$ 度，而从动齿轮需旋转 $360/(4z_2)$ 度。最终得到标准渐开线齿轮副的三维实体模型，如图 5-1 所示。

5.2.3 齿轮热变形后的非渐开线误差

Blok H 提出的齿轮总体温度准则分为两部分，即齿轮的闪现温度和本体温度，其中闪现温度是指在齿轮啮合瞬时齿面接触局部存在的瞬时温度现象，其作用时间非常短暂且作用范围也很小，在齿轮表面上只有几微米的“热表层”。而本体温度则代表齿轮长期工作下各点的温度分布情况，并且齿轮的热变形主要和齿轮的本体温度场有关。

基于热－结构耦合的热变形分析在首先进行的热分析时单元选用的是 Solid70 三维实体单元，并设置材料的换热系数、热流密度、弹性模量、比热容及相关的边界条件等属性。模型采用是扫略划分的网格划分方式，由于网格的疏密程度决定着模

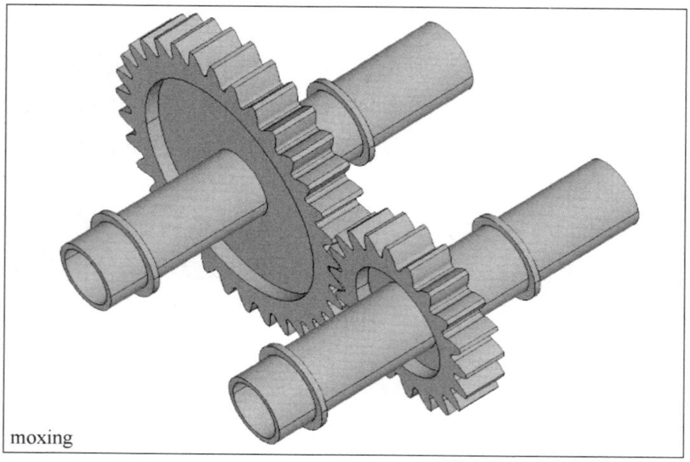

图 5-1　标准渐开线齿轮副的三维实体模型

型分析的精度和效率,网格过于稀疏会造成模型的分析结果不精确或难以收敛。而网格过于密集会造成模型的计算时间过长,因此通常在针对齿轮的有限元仿真分析中只对其啮合面进行网格细化处理,而其余部分的网格密度可以相对稀疏些,划分后的主齿轮与从动齿轮的有限元模型如图 5-2 所示,相关的加载系数见表 5-1。

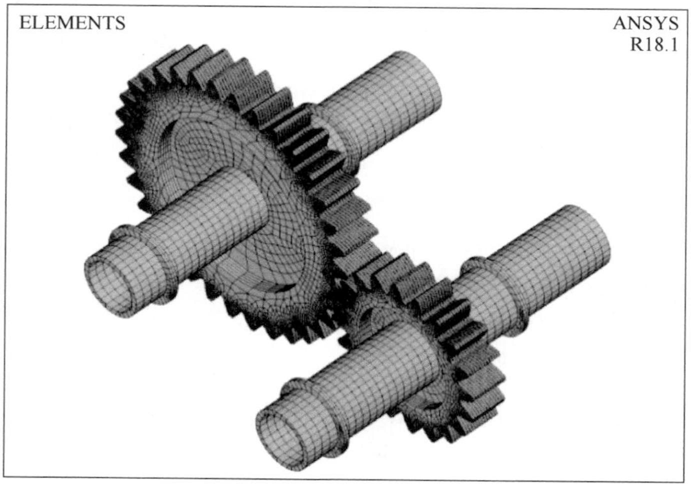

图 5-2　分网后齿轮副的三维实体模型

根据第 4.3 节，计算齿轮各个面的热流密度和对流换热系数，并在齿轮的啮合面同时施加热流密度和对流换热系数，在齿轮的非啮合面、齿顶面、齿根面及齿轮端面施加对流换热系数，并进行相关设置，最后对齿轮稳态温度场进行求解。主动齿轮与从动齿轮的稳态温度场云图如图 5-3(a)和(b)所示。

表 5-1　加载系数

弹性模量 /GPa	泊松比	导热系数 /W·(m·℃)$^{-1}$	热流密度 /J·(kg·K)$^{-1}$	线性膨胀系数
206	0.3	29.7	542.2	10.36×10^{-6}

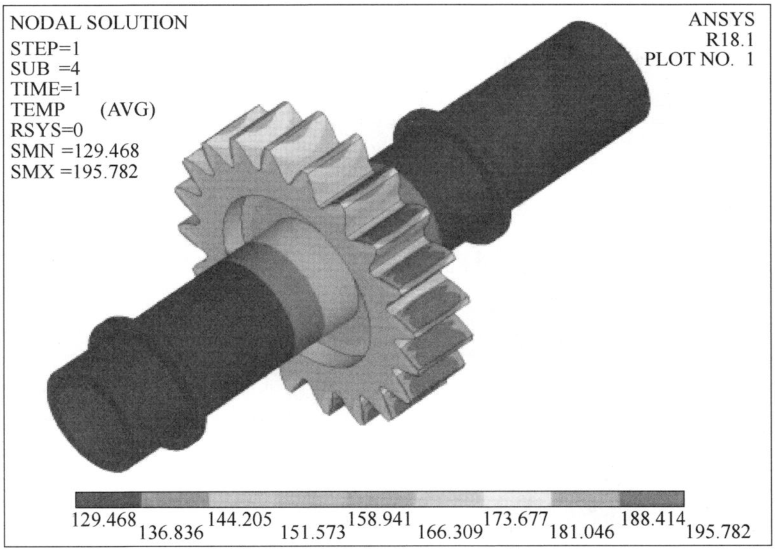

(a)

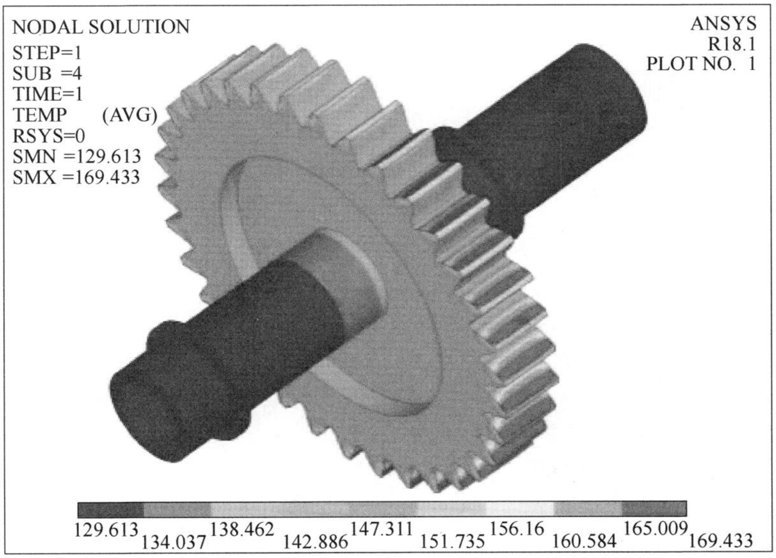

(b)

图 5-3　齿轮稳态温度场分布云图

（a）主动轮温度场分布云图；（b）从动轮温度场分布云图

由图 5-3 可知，主动齿轮啮合齿面上的最高温度为 195.702℃，从动齿轮啮合齿面上的最高温度为 169.433℃，并且主动齿轮与从动齿轮啮合齿面上的高温区域均出现在齿根和齿顶附近，这是因为在齿轮的传动过程中此处的齿面间的接触压应力和轮齿间的相对滑动速度在这两处的乘积较大，进而产生了较多的摩擦热量输入，这与齿轮胶合通常发生在主动轮齿根附近或从动轮齿顶附近的事实相吻合，故可以证明所采用的齿轮稳态温度场的分析方法是正确且有效的。主动齿轮和从动齿轮热变形结果云图如图 5-4(a)和(b)所示。

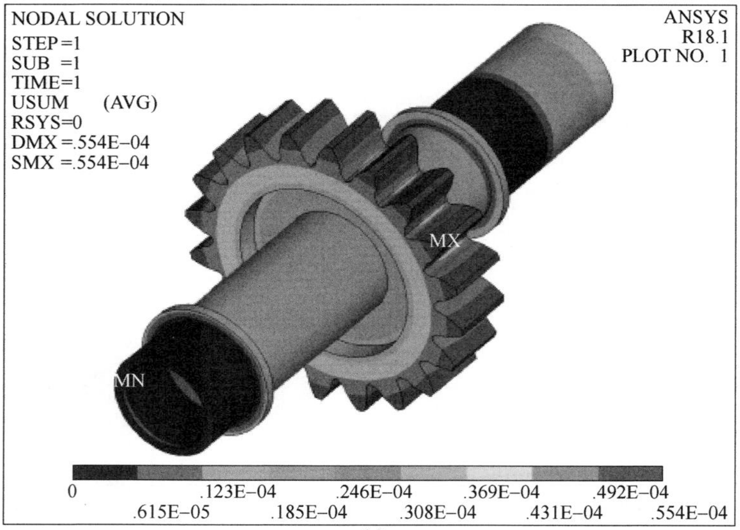

(a)

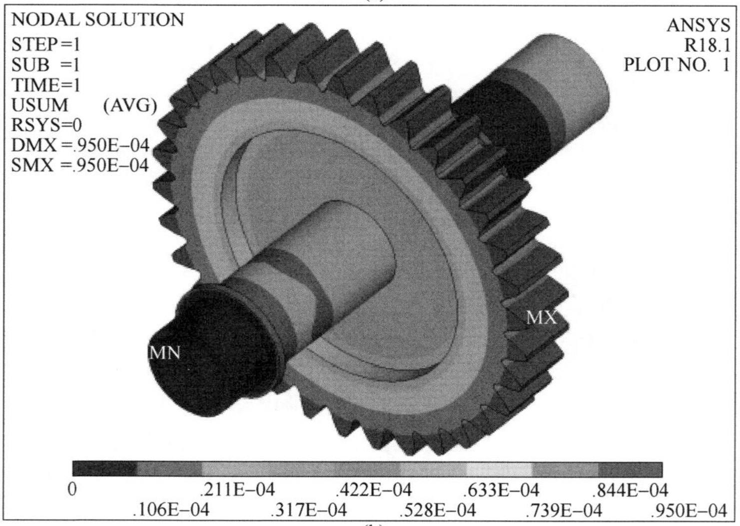

(b)

图 5-4　齿轮热变形结果分布云图

(a) 主动轮热变形结果云图；(b) 从动轮热变形结果云图

主动齿轮与从动齿轮轮齿受温度场和热应力共同作用的综合热变形如图 5-5(a)和(b)所示，两齿轮内侧虚线齿廓是理论齿廓线，外侧实线齿廓是变形后的实际齿廓线。并可以发现齿轮啮合面工作部分的热变形随着齿轮基圆半径的增大

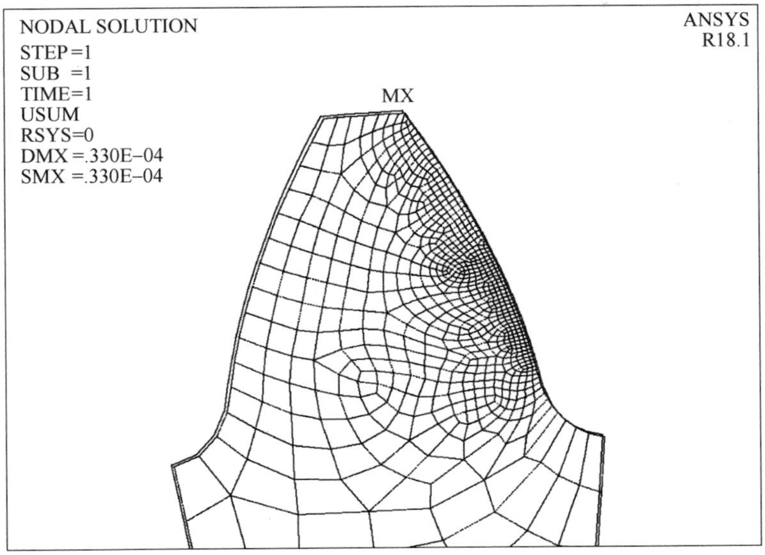

(a)

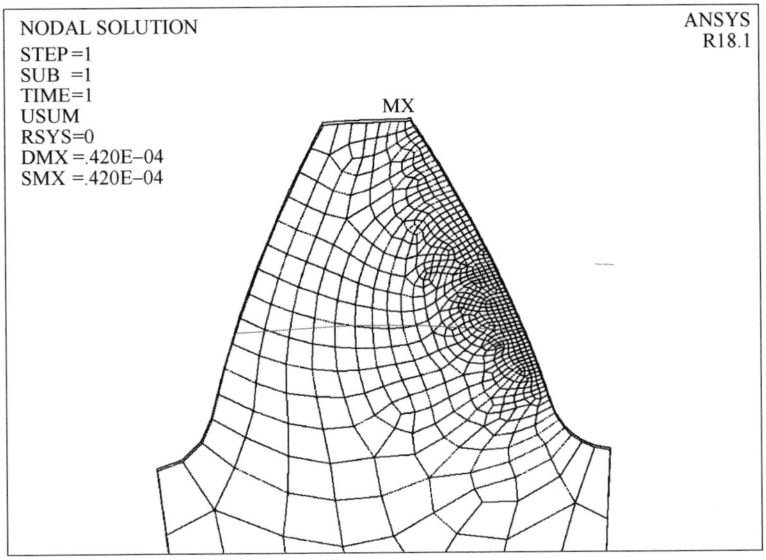

(b)

图 5-5 主动齿轮与从动齿轮轮齿综合热变形

(a) 主动齿轮轮齿综合热变形；(b) 从动齿轮轮齿综合热变形

而增大，两齿轮都是在齿顶处的热变形最大，而且从动齿轮在齿顶处的热变形比主动齿轮在齿顶处的热变形要大。

齿轮传动在工作一段时间后，在齿面间摩擦产生的热量和润滑油对流换热的共同作用下将达到热平衡状态，即稳态温度场，并认为此时的齿轮本体温度场不会再发生变化，因此通常采用齿轮的本体温度场来研究稳态温度场及齿轮本体温度场的热变形。

由图 5-6 可以看出提取齿轮热变形后主动齿轮和从动齿轮的非渐开线误差，横坐标表示齿面不同点对应的半径，纵坐标代表齿轮的非渐开线误差大小。从齿根到齿顶不同位置的非渐开线误差是不同的。随着齿轮半径的增大，非渐开线误差也增大，最大非渐开线误差均出现在主从动轮的齿顶处，齿轮非渐开线误差没有突变。

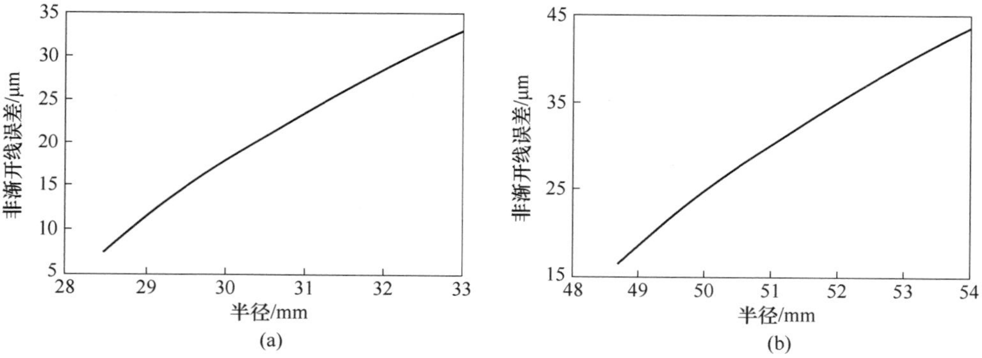

图 5-6　齿轮的非渐开线误差

（a）主动齿轮的非渐开线误差；（b）从动齿轮的非渐开线误差

5.3　基于主动学习 PC-Kriging 模型

5.3.1　最小改进函数（LIF）

失效概率 P_f 及其估计值 $\hat{P}_f$ 可由式（5-1）和式（5-2）表示。

$$P_f = \int I_{G \leqslant 0}(\boldsymbol{x}) f(\boldsymbol{x}) \mathrm{d}\boldsymbol{x} \tag{5-1}$$

$$\hat{P}_f = \int I_{\hat{G} \leqslant 0}(\boldsymbol{x}) f(\boldsymbol{x}) \mathrm{d}\boldsymbol{x} \tag{5-2}$$

根据式（5-1）和式（5-2）可以很容易地发现 $\hat{G}(\boldsymbol{x})$ 的正负号将直接影响 $\hat{P}_f$ 的精度，而 $\hat{G}(\boldsymbol{x})$ 符号预测错误的概率为 $\boldsymbol{\Phi}(-U(\boldsymbol{x}))$。因此 $\hat{P}_f$ 的精确程度表示为

$$\mathrm{UF} = \int \Phi[-U(\boldsymbol{x})]f(\boldsymbol{x})\mathrm{d}\boldsymbol{x} \tag{5-3}$$

式中，UF 定义为 $\hat{P}_f$ 的不确定函数，而且 UF 趋近于 0，失效概率估计值 $\hat{P}_f$ 趋近于 P_f。

根据 AK-MCS 方法，如果 $U(\boldsymbol{x})>2$ 则认为 $\hat{G}(\boldsymbol{x})$ 的符号是准确的，$\{\boldsymbol{x}\mid U(\boldsymbol{x})>2\}$ 所在区域对 UF 的影响可以忽略不计。所以式（5-3）可以表示为

$$\mathrm{UF} \approx \int_{U(x)\leqslant 2} \Phi[-U(\boldsymbol{x})]f(\boldsymbol{x})\mathrm{d}\boldsymbol{x} \tag{5-4}$$

学习函数的目的是在每次迭代中选取 UF 最小化的点作为最佳样本点用于更新 PC-Kriging 模型。为了方便计算做如下假设:

（1）当点 $\boldsymbol{x}$ 距离 DoE 样本点 $\boldsymbol{x}_0$ 足够近时，可以认为其对应的 U 值大于 0，即

如果 $\|\boldsymbol{x}-\boldsymbol{x}_0\|<r(\boldsymbol{x}_0)$，则 $U(\boldsymbol{x}_0)>2$。式中，$r(\boldsymbol{x}_0)=e_0\,|G(\boldsymbol{x}_0)|$，$e_0$ 为给定的正数。

（2）如果加入一个样本点 $\boldsymbol{x}_0$，不会对其他区域点的估计造成更坏的影响，即

$$\int_{\|\boldsymbol{x}-\boldsymbol{x}_0\|>r(\boldsymbol{x}_0)} \Phi[-U(\boldsymbol{x})]f(\boldsymbol{x})\mathrm{d}\boldsymbol{x} \geqslant \int_{\|\boldsymbol{x}-\boldsymbol{x}_0\|>r(\boldsymbol{x}_0)} \Phi[-U_0(\boldsymbol{x})]f(\boldsymbol{x})\mathrm{d}\boldsymbol{x} \tag{5-5}$$

根据式（5-3）~式(5-5)，将样本 $\boldsymbol{x}_0$ 代入到 DoE 中导致 UF 的变小量可以表示为

$$\begin{aligned}
\mathrm{UF}-\mathrm{UF}_0 &= \int \Phi[-U(\boldsymbol{x})]f(\boldsymbol{x})\mathrm{d}x - \int \Phi[-U_0(\boldsymbol{x})]f(\boldsymbol{x})\mathrm{d}\boldsymbol{x} \\
&= \int_{\|\boldsymbol{x}-\boldsymbol{x}_0\|<r(\boldsymbol{x}_0)} \Phi[-U(\boldsymbol{x})]f(\boldsymbol{x})\mathrm{d}\boldsymbol{x} - \\
&\quad \int_{\|\boldsymbol{x}-\boldsymbol{x}_0\|<r(\boldsymbol{x}_0)} \Phi[-U_0(\boldsymbol{x})]f(\boldsymbol{x})\mathrm{d}\boldsymbol{x} + \\
&\quad \int_{\|\boldsymbol{x}-\boldsymbol{x}_0\|\geqslant r(\boldsymbol{x}_0)} \Phi[-U(\boldsymbol{x})]f(\boldsymbol{x})\mathrm{d}\boldsymbol{x} - \\
&\quad \int_{\|\boldsymbol{x}-\boldsymbol{x}_0\|\geqslant r(\boldsymbol{x}_0)} \Phi[-U_0(\boldsymbol{x})]f(\boldsymbol{x})\mathrm{d}\boldsymbol{x} \\
&\geqslant \int_{\|\boldsymbol{x}-\boldsymbol{x}_0\|<r(\boldsymbol{x}_0)} \Phi[-U(\boldsymbol{x})]f(\boldsymbol{x})\mathrm{d}\boldsymbol{x} - \\
&\quad \int_{\|\boldsymbol{x}-\boldsymbol{x}_0\|<r(\boldsymbol{x}_0)} \Phi[-U_0(\boldsymbol{x})]f(\boldsymbol{x})\mathrm{d}\boldsymbol{x} \\
&\approx \int_{\|\boldsymbol{x}-\boldsymbol{x}_0\|<r(\boldsymbol{x}_0)} \Phi[-U(\boldsymbol{x})]f(\boldsymbol{x})\mathrm{d}\boldsymbol{x}
\end{aligned} \tag{5-6}$$

式（5-6）最后积分部分可以看作是一个常函数，因为积分区间较小且积分是连续的，因此有

$$\int_{\|\boldsymbol{x}-\boldsymbol{x}_0\|<r(\boldsymbol{x}_0)} \Phi[-U(\boldsymbol{x})]f(\boldsymbol{x})\mathrm{d}\boldsymbol{x} \approx k_0\Phi[-U_0(\boldsymbol{x}_0)]f(\boldsymbol{x}_0)r^M(\boldsymbol{x}_0) \tag{5-7}$$

式中，k_0 和基本随机变量的维度 M 相关。

$$\mathrm{UF}-\mathrm{UF}_0 \geqslant k_0 \Phi[-U_0(\boldsymbol{x}_0)] f(\boldsymbol{x}_0) r^M(\boldsymbol{x}_0) = k_0 e_0^M \Phi[-U_0(\boldsymbol{x}_0)] f(\boldsymbol{x}_0) \left|G(\boldsymbol{x}_0)\right|^M \tag{5-8}$$

$$E(\mathrm{UF}-\mathrm{UF}_0) \geqslant k_0 e_0^M \Phi[-U_0(\boldsymbol{x}_0)] f(\boldsymbol{x}_0) E(\left|G^M(\boldsymbol{x}_0)\right|) \tag{5-9}$$

式中，k_0 和 e_0 是确定的，同时与 $\boldsymbol{x}_0$ 的取值无关，所以学习函数可以定义为

$$\mathrm{LIF}(\boldsymbol{x}_0) = \Phi[-U_0(\boldsymbol{x}_0)] f(\boldsymbol{x}_0) E(\left|G^M(\boldsymbol{x}_0)\right|) \tag{5-10}$$

根据PC-Kriging模型的定义 $G(\boldsymbol{x}_0)$ 满足均值为 $\mu_G(\boldsymbol{x})$ 方差为 $\sigma_G^2(\boldsymbol{x})$ 的正态分布，当 M 为偶数时，

$$\begin{aligned}
E(\left|G^M(\boldsymbol{x}_0)\right|) &= \int_{-\infty}^{+\infty} G^M(\boldsymbol{x}_0) \frac{1}{\sqrt{2\pi}\sigma_G(\boldsymbol{x}_0)} \exp\left[-\frac{G(\boldsymbol{x}_0)-\mu_G(\boldsymbol{x}_0)^2}{2}\sigma_G^2(\boldsymbol{x}_0)\right] \mathrm{d}G(\boldsymbol{x}_0) \\
&= \int_{-\infty}^{+\infty} [\sigma_G(\boldsymbol{x}_0)t + \mu_G(\boldsymbol{x}_0)]^M \frac{1}{\sqrt{2\pi}} \exp(-t^2/2)\mathrm{d}t \\
&= \sum_{m=0}^{M} C_M^m \mu_G^{M-m}(\boldsymbol{x}_0) \sigma_G^m(\boldsymbol{x}_0) \int_{-\infty}^{+\infty} t^m \exp(-t^2/2)\mathrm{d}t \\
&= \mu_G^M(\boldsymbol{x}_0) + \sum_{m=1}^{M/2} C_M^{2m} \mu_G^{M-2m}(\boldsymbol{x}_0) \sigma_G^{2m}(\boldsymbol{x}_0)(2m-1)!!
\end{aligned} \tag{5-11}$$

式中，

$$t = \frac{G(\boldsymbol{x}_0)-\mu_G(\boldsymbol{x}_0)}{\sigma_G(\boldsymbol{x}_0)}(2m-1)!! = 1 \cdot 3 \cdot \cdots \cdot (2m-1) \tag{5-12}$$

同理，可以得到学习函数 LIF$(\boldsymbol{x})$ 的最终表达式：

$$\mathrm{LIF}(\boldsymbol{x}) = \begin{cases} \Phi[-U(\boldsymbol{x})] f(\boldsymbol{x}) \left[\mu_G^M(\boldsymbol{x}_0) + \sum\limits_{m=1}^{M/2} C_M^{2m} \mu_G^{M-2m}(\boldsymbol{x}_0) \sigma_G^{2m}(\boldsymbol{x}_0)(2m-1)!!\right] & \text{当 } m \text{ 为偶数} \\ \Phi[-U(\boldsymbol{x})] f(\boldsymbol{x}) \left[\sqrt{2}/\pi \sum\limits_{m=0}^{M} C_M^m \mu_G^{M-m}(\boldsymbol{x}_0) \sigma_G^m(\boldsymbol{x}_0) \int_{-\frac{\mu_G(\boldsymbol{x}_0)}{\sigma_G(\boldsymbol{x}_0)}}^{+\infty} t^m \exp(t^2/2)\mathrm{d}t\right] & \text{当 } m \text{ 为奇数} \end{cases} \tag{5-13}$$

LIF$(\boldsymbol{x})$ 值越大，样本点 $\boldsymbol{x}$ 越能使 UF 最小化。因此，将 LIF 最大值对应的点加入 DoE 中可以使模型快速收敛，从而降低迭代次数提高计算效率。

5.3.2　主动学习 PC-Kriging 方法

本节中构造了一种基于主动学习的 PC-Kriging 模型结构可靠性分析方法，所提方法采用主动学习函数 LIF 来迭代改进 PC-Kriging 模型直到其精度满足停止准则。主动学习 PC-Kriging 方法流程图如图 5-7 所示。

步骤 1：$t=0$，采用拉丁超抽样（LHS）获得初始 DoE 点，并调用真实的功能函数计算对应的功能函数值。LHS 的超矩形是 $[-n_\sigma, n_\sigma]^M$，最初的点数为 N_0，本节设置 $n_\sigma=5$。

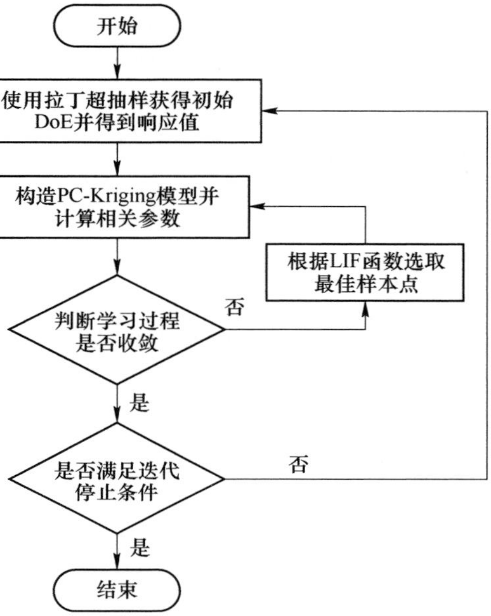

图 5-7 主动学习 PC-Kriging 方法流程图

$$\boldsymbol{S}_{\mathrm{DoE}} = [x_1, x_2, \cdots, x_{N_0}]$$
$$\boldsymbol{Y} = [y_1, y_2, \cdots, y_{N_0}]^{\mathrm{T}}$$

步骤 2：基于稀疏多项式构造 PC-Kriging 模型 $\hat{G}_t(\boldsymbol{x})$ 和 $\sigma_G^2(\boldsymbol{x})$，并计算失效概率的估计（$\hat{P}_{\mathrm{f},t}$）和相应的变异系数。

$$\hat{P}_{\mathrm{f},t} = \frac{1}{N_{\mathrm{MC},t}} \sum_{i=1}^{N_{\mathrm{MC},t}} I_{\hat{G}_t<0}(\boldsymbol{x}_{\mathrm{MC},i}) \tag{5-14}$$

$$\delta_{\mathrm{MC}} = \frac{\sqrt{\mathrm{var}(\hat{P}_{\mathrm{f}})}}{\hat{P}_{\mathrm{f}}} = \sqrt{\frac{1-\hat{P}_{\mathrm{f}}}{N_{\mathrm{MC}}\hat{P}_{\mathrm{f}}}} \approx \frac{1}{\sqrt{N_{\mathrm{MC}}\hat{P}_{\mathrm{f}}}}$$

步骤 3：判断学习过程是否收敛。根据式（5-14），可以得到失效概率估计值 $\hat{P}_{\mathrm{f},t}$相对真实值 P_{f} 的绝对误差期望为

$$E_t = \frac{1}{N_{\mathrm{MC}}} \sum_{i=1}^{N_{\mathrm{MC}}} \boldsymbol{\Phi}[-U_t(\boldsymbol{x}_{\mathrm{MC},i})] \tag{5-15}$$

式中，$\boldsymbol{\Phi}[-U_t(\boldsymbol{x}_{\mathrm{MC},i})]$表示 $\boldsymbol{x}_{\mathrm{MC},i}$对应的响应值 $\hat{G}_t(\boldsymbol{x}_{\mathrm{MC},i})$与真实值 $G_t(\boldsymbol{x}_{\mathrm{MC},i})$符号相反的概率。

从而得到停止条件[13]：

$$e_t = E_t/\hat{P}_{\mathrm{f},t} \leqslant [e_\varepsilon] \tag{5-16}$$

如果符合停止条件，执行步骤5，否则，执行步骤4。

步骤4：$t=t+1$，选取最佳样本点。引入学习函数 $\mathrm{LIF}(\boldsymbol{x})$：

$$\mathrm{LIF}(\boldsymbol{x}) = \Phi[-U_G(\boldsymbol{x})]f(\boldsymbol{x})E(|G^M(\boldsymbol{x})|)$$

$$= \begin{cases} \Phi[-U_G(\boldsymbol{x})]f(\boldsymbol{x})\left[\mu_G^M(\boldsymbol{x}) + \sum\limits_{m=1}^{M/2} C_M^{2m}\mu^{M-2m}(\boldsymbol{x})\sigma_G^{2m}(\boldsymbol{x})(2m-1)!!\right] & \text{当}M\text{为偶数} \\ \Phi[-U_G(\boldsymbol{x})]f(\boldsymbol{x})\left[\sqrt{\dfrac{2}{\pi}}\sum\limits_{m=0}^{M} C_M^m\mu_G^{M-m}(\boldsymbol{x})\sigma_G^m(\boldsymbol{x})\int_{-\frac{\mu_{G(\boldsymbol{x})}}{\sigma_{G(\boldsymbol{x})}}}^{+\infty} t^m \exp\left(-\dfrac{t^2}{2}\right)\mathrm{d}t\right] & \text{当}M\text{为奇数} \end{cases} \tag{5-17}$$

根据式（5-17）选取 $\mathrm{LIF}(\boldsymbol{x})$ 最大值的点作为最佳样本点，并计算其功能函数值，更新当前的 DoE 和 $\boldsymbol{Y}$，然后返回到步骤2。

步骤5：判断迭代过程是否停止。如果 $\delta_{\mathrm{MC}} \leqslant 0.03$，输出失效概率，否则扩大 MCS 样本数，返回步骤2。

5.3.3 算例验证

5.3.3.1 算例1：三跨梁结构

图5-8所示的三跨梁结构作为一个工程实例问题。其所承受的均布荷载为 w，单跨长度为 $L=5\mathrm{m}$。梁的最大垂直挠度可以表示为 $\Delta_{\max}=0.0069wL^4/(EI)$，并以最大允许垂直挠度 $L/400$ 作为约束条件，其功能函数为

$$G(w,E,I) = L/400 - 0.0069wL^4/(EI) \tag{5-18}$$

式中，w 为均布荷载；E 为梁的弹性模量；I 为惯性矩。3个随机变量均服从正态分布且是独立的。随机变量的统计特性见表5-2，可靠性分析结果见表5-3。

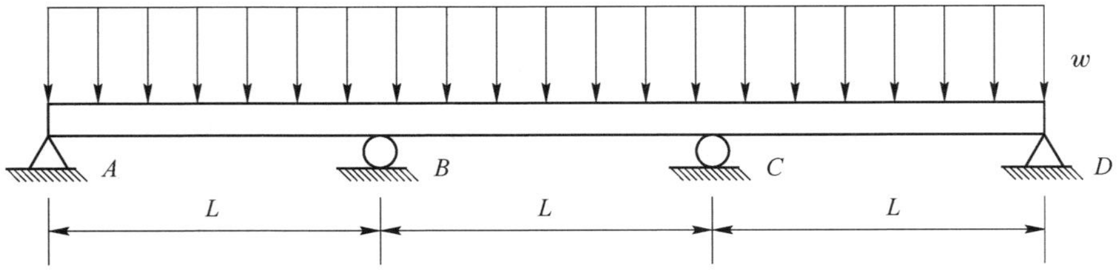

图5-8 三跨梁结构

表5-2 三跨梁随机变量的统计特性

随机变量	分布类型	平均值	标准差
$w/\mathrm{kN\cdot m^{-1}}$	正态分布	10	0.4
$E/\mathrm{kN\cdot m^{-2}}$	正态分布	2×10^7	0.5×10^7
$I/\mathrm{m^4}$	正态分布	8×10^{-4}	1.5×10^{-4}

表 5-3 可靠性计算结果

方法	P_f	N_{call}	Cov	$\varepsilon_\beta/\%$
MCS	0.001230	2.5×10^6	—	—
IS	0.001230	3000	0.05	0
AK-MCS	0.001324	12 + 341	0.05	0.73
KAIS	0.001251	21 + 79 + 209	0.05	1.7
本节方法	0.001225	210	0.01	0.4

由图 5-9 和表5-3 所示的结果可以发现：本节所提方法的失效概率为 0.1225%，所需样本点数为 210。以 MCS 法抽样 2.5×10^6 次的失效概率计算结果为标准值，并和表 5-3 中其他方法的计算结果进行对比，验证了所提方法的计算效率和精度。

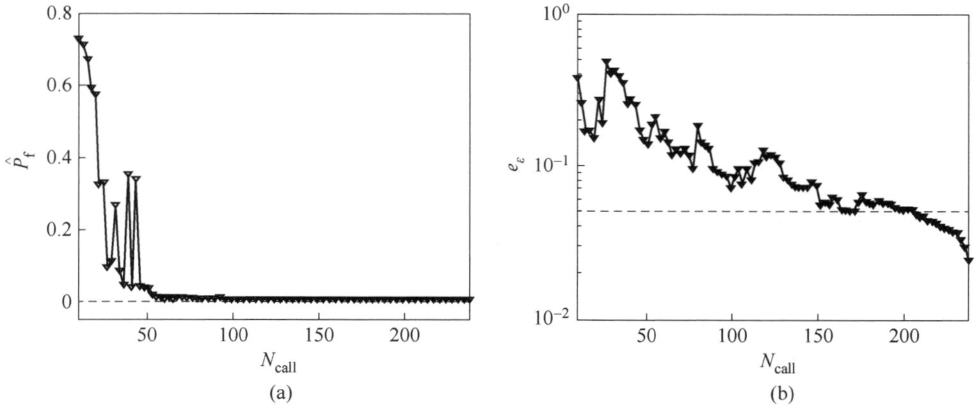

图 5-9 失效概率和失效概率相对误差随样本点数的变化曲线
（a）失效概率变化曲线；（b）失效概率相对误差变化曲线

5.3.3.2 算例 2：两自由度的二级系统

图 5-10 显示了两自由度的二级系统。其弹簧刚度（k_p，k_s）、质量（m_p，m_s）及阻尼比（ξ_p，ξ_s）。两个振荡器的固有频率（ω_p，ω_s）可分别用（k_p，m_p）和（k_s，m_s）计算得到。

$$\omega_p = \sqrt{k_p/m_p} \tag{5-19}$$

$$\omega_s = \sqrt{k_s/m_s} \tag{5-20}$$

该系统受白噪声激励，其强度为 S_0，式（5-21）提供了第二个弹簧 k_s 的平方期望的相对位移响应。

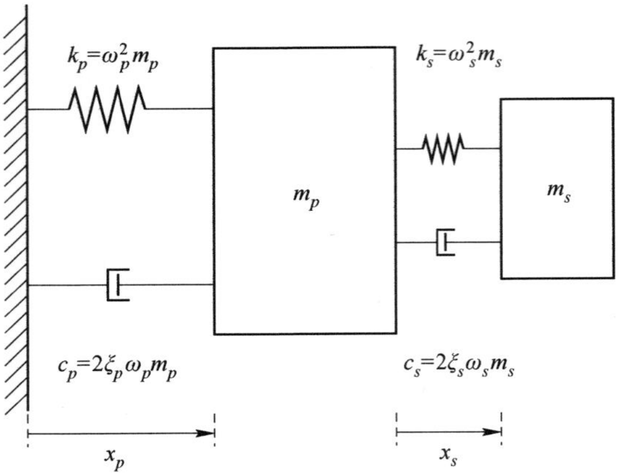

图5-10　两自由度的二级系统

$$E(x_s^2)=\frac{\pi S_0}{4\xi_s\omega_s^3}\left[\frac{\xi_a\xi_s}{\xi_p\xi_s(4\xi_a^2+\theta^2)+m_s\xi_a^2/m_p}\cdot\frac{(\xi_p\omega_p^3+\xi_s\omega_s^3)\omega_p}{4\xi_a\omega_a^4}\right] \tag{5-21}$$

式中，

$$\omega_a=(\omega_p+\omega_s)/2$$
$$\xi_a=(\xi_p+\xi_s)/2$$
$$\theta=(\omega_p-\omega_s)/\omega_a$$

因为其峰值响应受$[m_p,m_s,k_p,k_s,\xi_p,\xi_s]^{\mathrm{T}}$影响，将功能函数定义为

$$G(X)=F_s-k_s\max_{0<t<\tau}|x_s(t)| \tag{5-22}$$

式中，$X=[m_p,m_s,k_p,k_s,\xi_p,\xi_s,S_0,F_s]^{\mathrm{T}}$。

F_s 和 t 分别表示二次振荡器的力和持续加载时间。因此，将式（5-22）改写为

$$G(X)=F_s-k_s p\sqrt{E(x_s^2)} \tag{5-23}$$

式中，p 代表峰值因子，为简化计算将其设置为 $p=3$；这个系统中的所有变量都是相互独立并且服从对数正态分布，分布参数见表5-4。

表5-4　随机变量分布

随机变量	k_p	k_s	m_p	m_s	ξ_p	ξ_s	S_0	F_s
平均值	1	0.01	1.5	0.01	0.05	0.02	100	15
标准差	0.2	0.002	0.15	0.001	0.02	0.01	10	1.5

从表5-5和图5-11可以得出结论，$\hat{P}_{\mathrm{f}}$ 的精度明显优于其他方法。在同样迭代次数 $N_{\mathrm{call}}=300$ 时，本节所提方法的 ε 值最小，说明本节方法和表5-5中其他方法相比，$\hat{P}_{\mathrm{f}}$ 的计算效率最高。

表 5-5　可靠性计算结果

方　法	N_{call}	$\hat{P}_f$	$\varepsilon/\%$	e_ε
MCS	3×10^6	4.716×10^{-3}	—	—
AK－MCS＋U	300	4.07×10^{-3}	13.6	0.31
AK－MCS＋EFF	300	4.17×10^{-3}	11.6	0.70
AK－MCS＋ERF	300	3.91×10^{-3}	17.1	0.30
AK－MCS＋H	300	4.01×10^{-3}	15	0.46
本节方法	300	4.621×10^{-3}	2	0.01

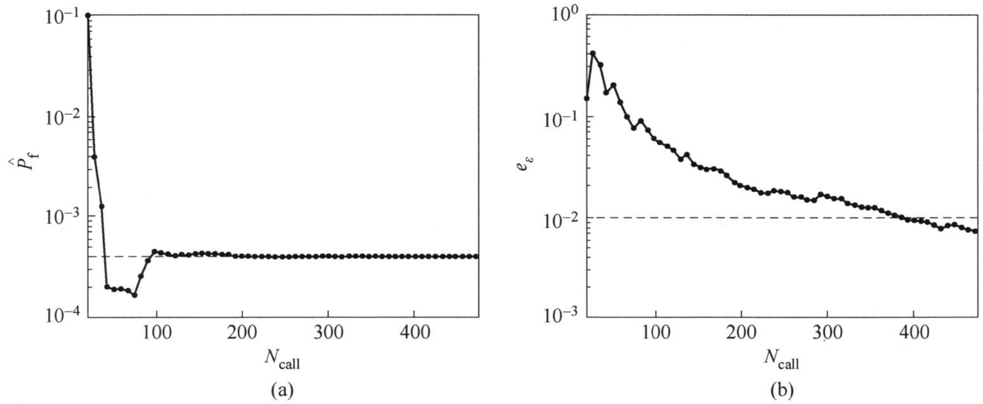

图 5-11　失效概率和失效概率相对误差随样本点数的变化曲线
（a）失效概率变化曲线；（b）失效概率相对误差变化曲线

5.4　热状态的齿轮工作载荷传递误差可靠性分析

齿轮传递误差是由两部分引起的，一部分为齿轮在工作载荷作用下的弹性变形产生的误差，另一部分为齿轮在加工制造及安装过程（偏载等）中产生的误差。本节重点介绍考虑温度和载荷共同作用的齿轮热状态下传递误差的可靠性分析，齿轮模型为渐开线直齿轮，相关参数见表 4-1。

5.4.1　考虑温升影响的齿轮传递误差

齿轮传递误差中的工作载荷传递误差包括：轮齿弹性弯曲变形 DB；轮齿接触变形 DH。齿轮传递误差中的制造误差包括：齿轮传递的齿形误差 EF、齿距误差 ES。规定当实际齿形偏向理想齿形实体外部时 EF 取正，实际齿形偏向理想齿形实体内部时 EF 取负；当实际齿距大于公称齿距时 ES 取正，实际齿距小于公称齿距时 ES 取负。主动轮在 Δt 时间间隔内转过角度 θ_1 时，若其基圆半径为 R_1，则在啮合线上的位移为 $R_1\theta_1$，从动轮在啮合线上的位移为

$$R_2\theta_2 = R_1\theta_1 - DB_1 - DB_2 - DH_1 - DH_2 + EF_1 + EF_2 + ES \tag{5-24}$$

由齿轮传递误差的定义可得齿轮传递误差的表达式为

$$TE = R_2\theta_2 - R_1\theta_1 = EF_1 + EF_2 + ES - DB_1 - DB_2 - DH_1 - DH_2 \tag{5-25}$$

令 $E = EF_1 + EF_2 + ES$ 为齿轮综合偏差，$\delta = DB_1 + DH_1 + DB_2 + DH_2$ 为轮齿弹性接触变形误差，则齿轮传递误差可表示为

$$TE = E - \delta \tag{5-26}$$

在不考虑齿轮制造传递误差时，齿轮的工作载荷传递误差只包括接触与弯曲变形的综合变形误差。对本节内容来说，只需提取在热状态下的齿轮工作载荷（热载荷和机械载荷共同作用）的热弹耦合接触变形误差，则有

$$TE = \delta \tag{5-27}$$

5.4.2 极限状态函数的建立

齿轮的基本参数见表4-1，齿轮材料为16Cr3NiWMoVNbE，其热物理性质见表4-2。齿轮初始温度为30℃，滑油供油温度 t_{in} 为90℃，齿轮箱内油气混合物的温度 t_{mix} 为103℃，主动轮的转矩 T 为140N · m，齿面许用接触应力 $[\sigma_H]$ 为1120MPa。

假定各随机变量均服从正态分布，其均值和标准差见表5-6，润滑油的热物理性质见表5-7。采用ANSYS有限元对齿轮进行热弹耦合接触分析，仿真结果如图5-12所示。

表5-6 随机变量参数

变量	分布	均值	标准差
模数/mm	Normal	3	0.2
齿宽/mm		14.5	0.2
压力角/(°)		25	0.3
线膨胀系数/℃		10.36×10^{-6}	0.5×10^{-6}
弹性模量/Pa		2.1×10^{11}	2.1×10^{10}

表5-7 4050润滑油的热物理性质

滑油温度/℃	热传导率/W·(m·℃)$^{-1}$	导温系数/m^2·s^{-1}	运动黏度/m^2·s^{-1}	普朗特数
90	0.1470	7.44×10^{-8}	6.2405×10^{-6}	83.88
110	0.1444	7.09×10^{-8}	4.3055×10^{-6}	60.73
130	0.1417	6.76×10^{-8}	3.1739×10^{-6}	46.95
150	0.1390	6.46×10^{-8}	2.4613×10^{-6}	38.10

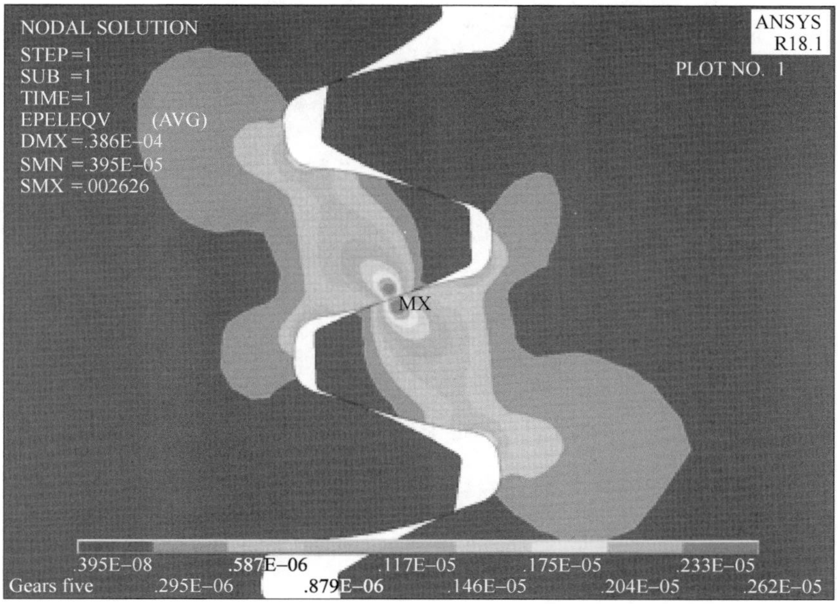
NODAL SOLUTION
STEP=1
SUB =1
TIME=1
EPELEQV (AVG)
DMX =.386E-04
SMN =.395E-05
SMX =.002626
ANSYS
R18.1
PLOT NO. 1
MX
.395E-08 .587E-06 .117E-05 .175E-05 .233E-05
Gears five .295E-06 .879E-06 .146E-05 .204E-05 .262E-05

(a)

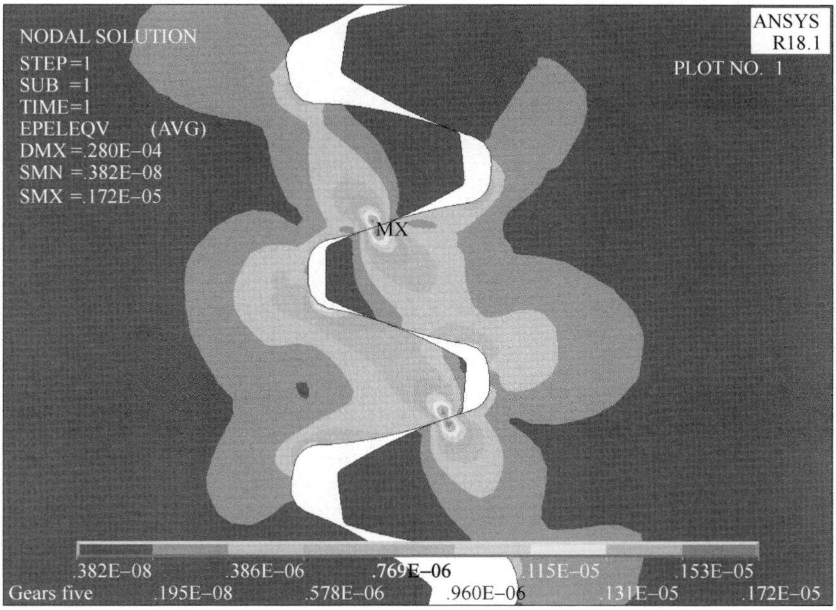
NODAL SOLUTION
STEP=1
SUB =1
TIME=1
EPELEQV (AVG)
DMX =.280E-04
SMN =.382E-08
SMX =.172E-05
ANSYS
R18.1
PLOT NO. 1
MX
.382E-08 .386E-06 .769E-06 .115E-05 .153E-05
Gears five .195E-08 .578E-06 .960E-06 .131E-05 .172E-05

(b)

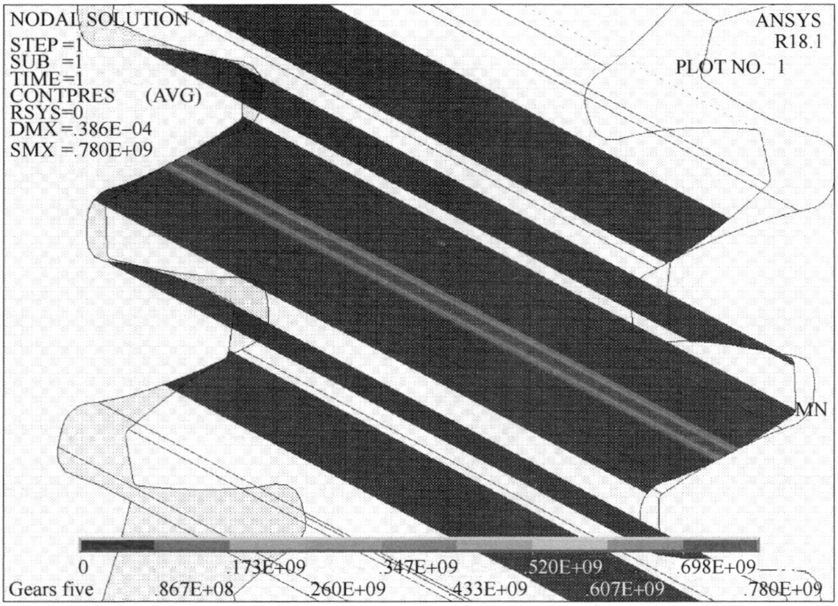

(c)

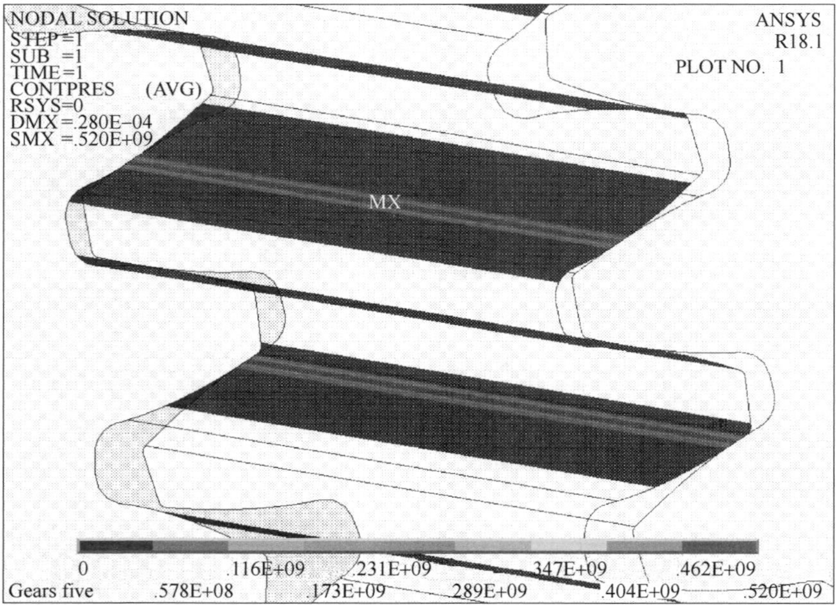

(d)

图5-12　热弹耦合接触分析结果

(a) 单齿啮合齿轮综合变形云图；(b) 双齿啮合齿轮综合变形云图；
(c) 单齿啮合接触应力云图；(d) 双齿啮合接触应力云图

4050 润滑油属于Ⅱ型中黏度高温合成润滑油，具有良好的高低温性能。使用温度为 -40～200℃，短期可达到 220℃。

由图 5-12 可见热弹耦合状态下齿轮的应力分布具有如下特点：

（1）单、双齿啮合的最大应力分别为 780MPa 和 520MPa，通过仿真分析可以提取出考虑热载荷与机械载荷共同作用下的结果。

（2）单、双齿啮合的最大接触变形分别为 0.02626mm 和 0.01725mm，出现在理论接触线的中部，这是齿轮的热变形和接触变形共同作用的结果，轮齿的热变形通常远大于其弹性接触变形。

根据式（5-27）计算齿轮的传递误差 TE，并找出热弹耦合的齿面接触变形的最大值 TE_{max}。将齿轮实际传递误差的波动范围超过极限值作为齿轮传递误差失效的准则，齿轮传递误差状态函数可以表示为

$$G(x)=[TE]-TE_{max} \tag{5-28}$$

式中，$[TE]=0.05mm$；当 $[TE]>TE_{max}$ 时，$G(x)>0$，齿轮处于安全状态，当 $[TE]\leqslant TE_{max}$ 时，$G(x)\leqslant 0$，则齿轮处于失效状态。

5.4.3 温升影响的齿轮设计传递误差的可靠性分析

本节将根据4.3.3 节所述的方法，采用 ANSYS 有限元的 APDL 语言建立三维有限元模型，并采用本章所提出的 PC-Kriging 模型和主动学习 LIF 的可靠性分析方法对受温升影响的齿轮设计传递误差进行可靠性分析。

（1）使用 MATLAB 进行拉丁超抽样选取 25 个随机样本点作为初始样本，并调用 ANSYS 软件对三维模型进行热弹耦合接触分析，并提取最大齿轮变形量，进而计算齿轮传递误差。

（2）根据随机变量和响应值建立初始的 PC-Kriging 模型，计算失效概率的估计 $\hat{P}_f$ 及相应的失效概率相对误差值。

（3）判断模型精度是否满足学习停止条件。根据计算得到的 $\hat{P}_{f,t}$ 和相对误差值判断 e_t 是否小于 e_ε。如果满足停止条件，则执行 5.3.2 节中的步骤 5，反之，执行步骤 4。

（4）使用学习函数 LIF 选取最佳样本点，并得到其对应的响应值用于更新 PC-Kriging 模型。

（5）判断是否满足迭代停止条件，如果满足 $\delta_{MC}\leqslant 0.03$，输出失效概率，否则扩大 MCS 样本数，返回步骤 2。

分别用 AK - MCS + U、AK - SSIS + U 和本节提出的算法计算齿轮接触强度可靠性。

表 5-8 将不同的方法进行比较，可以发现经过 198 次调用 ANSYS 仿真分析后所提方法可达到精度要求。

表5-8　不同方法结果

方　法	N_{call}	$\hat{P}_f$
AK - MCS + U	25 + 321	0. 0178
AK - MCS + EFF	25 + 316	0. 0183
本节所提方法	25 + 198	0. 0181

通过表5-8可知，本节提出的方法需要调用ANSYS仿真软件的次数最少，节约了大量的计算时间，且本节提出的方法计算精度足够高。

6 基于 APCK-SORA 的热－结构耦合齿轮优化设计

6.1 概　　述

序列优化与可靠性评定方法（SORA）是基于结构可靠度理论的优化设计方法。SORA 是将优化技术和可靠性分析相结合，在目标函数或约束条件中考虑载荷波动、几何尺寸、材料性能等不确定性因素，优化结构的性能或成本。采用当量等价的确定性约束代替概率约束，其中对概率约束的处理直接影响着可靠度优化方法的计算性能（效率、精度和收敛性）。在样本点充足的情况下，Monte Carlo 模拟可以提供足够的精度，然而其昂贵的计算成本导致其在工程中难以被接受。目前，序列优化与可靠性评定方法对可靠度分析计算主要采用基于一次二阶矩理论方法，计算效率和精度有限。一些学者为弥补其不足，采用不同的可靠性方法与 SORA 相结合。如 Cho 和 Lee 用凸规划方法把可靠度优化列式转化为一系列凸设计域内的子规划列式，并引入了混合均值法（hybird mean value），改进 SORA 方法的计算性能。Du 等人提出了一个新 MPTP 点的搜索格式以改善 SORA 方法的稳健性。Chen 等人在此基础上用迭代过程中角度的变化来判定 MPTP 搜索的收敛性能，并提出用概率约束可行性判定方法减少非紧约束可靠度信息计算次数，提高 SORA 的计算效率。刘瞻等人用重要抽样法改变样本点的中心位置，从而实现 Kriging 代理模型精度的逐渐改善，并结合 FOSM 和 SORA 得到结构可靠度。李方义提出一种基于序列 Kriging 模型的可靠性优化设计方法并应用于轿车车身结构轻量化设计。基于改进的可靠度计算方法虽然能够在一定程度上弥补计算效率的不足，但是由于可靠度优化方法需要反复处理概率约束，造成计算量过大且计算精度仍然需要改进，尤其是在高阶矩的可靠度优化方面的研究。

为了解决这类问题，提出一种基于自适应 PC-Kriging 模型的改进 SORA 优化算法的基于自适应代理模型的可靠性优化方法。首先，将 PC-Kriging 模型与自适应 k-means 聚类方法相结合，构建一种新的自适应结构可靠性分析方法（简称 APC-Kriging）。其次，采用所提出的自适应 PC-Kriging 模型来求解 SORA 优化算法中的可靠性部分再通过 SORA 进行优化设计，并采用两个可靠性分析算例来验证自适应 PC-Kriging 模型的精度和效率，以及两个可靠性优化算例来验证所提的自适应代理模型的可靠性优化方法的高效性和适用性。最后，将所提方法应用到考虑温升影响的齿轮中进行可靠性优化设计。

6.2　序列优化和可靠性评定方法

6.2.1　序列优化和可靠性评定的数学模型

序列优化与可靠性评定方法基本思想是将概率约束转化为近似等价的当量确定性约束，将优化设计和可靠性分析进行解耦，即对嵌套的循环迭代的可靠度计算和循环迭代的优化设计分离开并分别进行计算，并在每一个循环中首先进行确定性的优化设计，然后再进行可靠性评定，通过对最可能失效点 MPP（Most Probable Point）逆可靠度评估和确定性子优化的计算逐步迭代逼近找到最优解，从而提高可靠性优化模型的计算效率。

初始的可靠性优化设计数学模型为

$$
\begin{aligned}
&\text{设计变量(DV)} && \{\boldsymbol{d},\boldsymbol{\mu}_x\}\\
&\min && f(\boldsymbol{d},\boldsymbol{\mu}_x,\boldsymbol{\mu}_p)\\
&\text{s. t.} && G_i(\boldsymbol{d},\boldsymbol{X}_{\mathrm{MPP}i},\boldsymbol{P}_{\mathrm{MPP}i})\geqslant 0\ (i=1,2,\cdots,m)
\end{aligned}
\tag{6-1}
$$

式中，$\boldsymbol{d}$ 为所有确定性设计变量的矢量；$\boldsymbol{\mu}_x$ 为所有随机设计变量均值的矢量；$\boldsymbol{\mu}_P$ 为所有不确定性设计参数 $\boldsymbol{P}$ 均值的矢量；f 为目标函数；G_i 为第 i 个逆 MPP 点（$\boldsymbol{X}_{\mathrm{MPP}i}$，$\boldsymbol{P}_{\mathrm{MPP}i}$）约束函数；$m$ 是约束函数的个数。求解落在取得的确定性约束区域边界上的最优点，然后进行可靠性评定，如得到的逆 MPP 点满足设定的可靠度要求，则即可得到 $\boldsymbol{X}_{\mathrm{MPP}}$ 和 $\boldsymbol{P}_{\mathrm{MPP}}$，否则，采用当前的逆 MPP 点重新规划确定性约束边界。

在可靠性优化设计的数学模型中，原始的约束函数 G_i（$\boldsymbol{d}$，$\boldsymbol{X}_{\mathrm{MPP}i}$，$\boldsymbol{P}_{\mathrm{MPP}i}$）计算得到的 R_i 是第 i 个约束函数要满足的可靠度，从而建立概率约束和确定性约束之间的等价关系。图 6-1 为约束边界的移动示意图，用于说明如何将概率约束转化为与其等价的确定性约束。

由图 6-1 可以发现，图中有两个坐标系，一个是由随机变量（x_1，x_2）组成的原始坐标系，另一个是由随机变量（x_1，x_2）的均值（μ_{x1}，μ_{x2}）组成的设计变量坐标系。当不考虑任何的不确定性因素影响的情况下，曲线 $G(\mu_{x1},\mu_{x2})=0$ 即为确定性优化设计的约束边界曲线，而当需要考虑不确定性因素影响时，概率优化设计的约束边界为 $P\{G(x_1,x_2)\leqslant 0\}=R$，MPP 点将落在 $G(\mu_{x1},\mu_{x2})>0$ 范围内。通常概率优化设计中的目标可靠度会比确定性优化设计中所得到的可靠度要高，也就是说概率约束的求解要比确定性约束更为精确。从图 6-1 中可见，概率优化设计可行区域比确定性优化设计的可行区域要窄且概率优化设计可行区域包

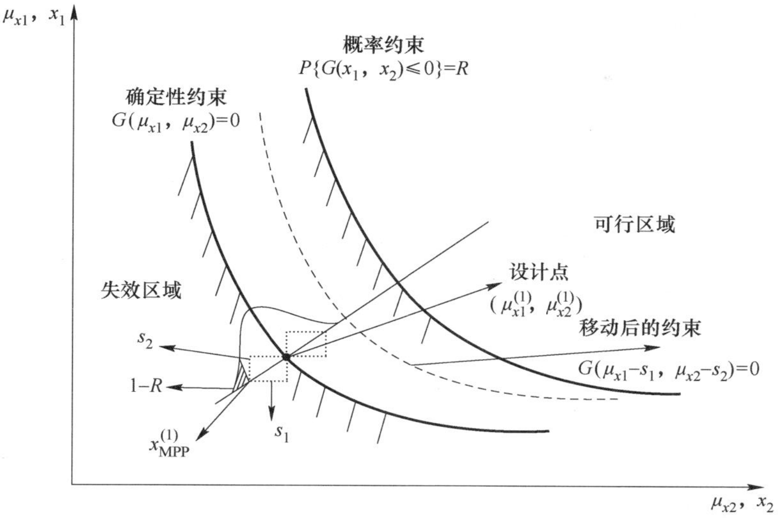

图 6-1　约束边界的移动示意图

含于确定性优化设计的可行区域之内，因此需要对概率约束的边界 $P\{G(x_1,x_2)\}=0$ 进行可靠性分析。进而将概率约束 $G_i(\boldsymbol{d},\ \boldsymbol{X}_{\mathrm{MPP}i},\ \boldsymbol{P}_{\mathrm{MPP}i})=0$ 问题转换为等价的确定性约束 $P\{G(x_1,\ x_2)\}=0$ 问题，其中（$\boldsymbol{X}_{\mathrm{MPP}i}$，$\boldsymbol{P}_{\mathrm{MPP}i}$）是逆 MPP 点。在每一步的循环中，首先进行等价当量的确定性优化设计，然后对得到的新优化设计点进行可靠性评定并计算当前解的逆 MPP 点，如果未能满足可靠性设计要求，则将确定性优化设计约束边界在 x_1，x_2 方向上分别向概率约束边界移动 S_1，S_2 的距离，从而确保每一步的循环中的概率优化设计约束函数的逆最可能失效点都在确定性优化设计约束函数的可行域内。

在进行第一次的优化循环计算时，由于没有确定性优化设计中 MPP 点的信息，通常采用随机变量的均值来作为当量约束中的 MPP 点 $\boldsymbol{X}_{\mathrm{MPP}}^{(1)}$。在确定优化完成后，对第一步得到的最优解进行可靠性评定，检验其是否满足可靠性要求（初始的可靠性优化设计数学模型见式（6-1））。如未满足可靠性设计要求，则进入第二次循环并建立等效当量确定性优化模型，对第一次优化循环中所得的 MPP 点进行修正，即至少保证 MPP 点落在确定性优化设计的边界上，以确保概率约束的可行性。若仍未满足可靠性要求，则重复进行此过程，直至目标函数收敛且满足可靠性要求为止。

用 $\boldsymbol{s}$ 表示移动的矢量，则表达式为

$$\boldsymbol{s}(s_1,s_2)=\boldsymbol{\mu}_x^{(1)}-\boldsymbol{X}_{\mathrm{MPP}}=(\mu_{x1}^{(1)}-x_{\mathrm{MPP1}}^{(1)},\mu_{x2}^{(1)}-x_{\mathrm{MPP2}}^{(1)})\tag{6-2}$$

则新的确定性优化问题中约束为

$$G(\boldsymbol{\mu}_x-\boldsymbol{s})\geqslant 0\tag{6-3}$$

经过 k 次移动后的确定性优化模型为

$$\begin{aligned} &\text{DV} \quad \{\boldsymbol{d}, \boldsymbol{\mu}_x\} \\ &\min \quad f(\boldsymbol{d}, \boldsymbol{\mu}_x, \boldsymbol{\mu}_p) \\ &\text{s. t.} \quad G_i(\boldsymbol{d}, \boldsymbol{\mu}_x - \boldsymbol{s}_i^{(k+1)}, \boldsymbol{P}_{\text{MPP}i}) \geqslant 0, i=1,2,\cdots,m \end{aligned} \tag{6-4}$$

式中，$\boldsymbol{s}_i^{(k+1)} = \boldsymbol{\mu}_x^{(k)} - \boldsymbol{X}_{\text{MPP}i}^{(k)}$。

当完成等效当量的确定性优化求解后，得到最优解（$\boldsymbol{d}^*$，$\boldsymbol{X}^*$），进行可靠性评定，检验所得到的逆 MPP 点是否满足可靠度要求。否则，移动约束边界并进行下一个循环的确定性优化设计。其中第 k 次循环中可靠性分析为

$$\begin{aligned} &\min \quad G_i(\boldsymbol{d}, \boldsymbol{u}, \boldsymbol{P}) \\ &\text{s. t.} \quad \|\boldsymbol{U}\| \sqrt{\boldsymbol{U}^{\text{T}}\boldsymbol{U}} = \beta \\ &\qquad\quad h_i(\boldsymbol{d}^*, \boldsymbol{u}, \boldsymbol{P}) = 0 \end{aligned} \tag{6-5}$$

式中，$\boldsymbol{U}$ 为 $\boldsymbol{X}$ 转换到标准正态空间中的值，可靠性分析的解为标准正态空间中的 MPP 点 $\boldsymbol{u}_{\text{MPP}}$，转化为 $\boldsymbol{X}$ 空间中的 MPP 点 $\boldsymbol{X}_{\text{MPP}} = \boldsymbol{X}^M + \boldsymbol{u}_{\text{MPP}}\delta$，其中 δ 为 $\boldsymbol{X}$ 的标准差，$h_i(\boldsymbol{d}^*, \boldsymbol{u}, \boldsymbol{P}) = 0$ 为不确定性设计的等式约束，β 为可靠性指标。

6.2.2　序列优化和可靠性评定的具体流程

SORA 的可靠性优化流程如图 6-2 所示。图 6-2 中，$\boldsymbol{d}$ 为确定性设计变量，$\boldsymbol{x}$

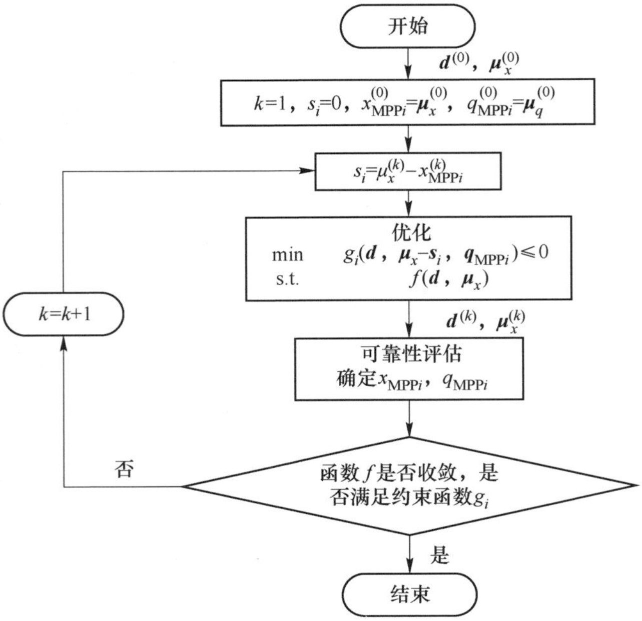

图 6-2　基于 SORA 的可靠性优化流程图

为随机变量，q 为随机参数，($\boldsymbol{x}_{\mathrm{MPP}i}$，$q_{\mathrm{MPP}i}$) 为第 i 个约束中功能函数的逆最可能失效点（MPP，Most Probable Point）；通过对最可能失效点逆可靠度评估和确定性子优化的计算逐步迭代逼近找到最优解，可靠性评定部分采用的是对最可能失效点逆可靠度评估的方法，由图 6-2 可知，原始概率优化设计约束已转化成为等效的当量确定性约束，同时嵌套在概率优化中的可靠性分析部分已被分离出来，形成了独立的可靠性分析。

序列优化与可靠性评定方法的策略是将可靠性分析与设计优化两部分求解分开进行计算。首先进行确定性优化设计，通过可靠性分析中所获得的结果来对确定性优化中的约束条件进行修正，并使其约束边界通过迭代逼近不断向概率约束靠近，并确保前一次循环中得到的最可能失效点 MPP 落入当前确定性优化循环的可行域内。对新得到的设计点进行可靠性评定，检验其是否满足可靠性要求，否则，对新的设计点求逆并重新建立确定性约束边界，若仍未满足可靠性要求，则重复进行此过程，直至目标函数收敛且满足可靠性要求为止。

6.3 自适应 PC-Kriging 可靠性模型

6.3.1 自适应 PC-Kriging 可靠性方法

为提高小失效概率及耗时的复杂结构可靠性评估精度和效率，提出了一种基于 PC-Kriging 模型与自适应 k-means 聚类分析相结合的可靠性分析方法。建立 PC-Kriging 模型的详细步骤见 3.2 节，本节主要阐述所提出的自适应 PC-Kriging 可靠性方法的构建，其结构的失效概率可通过式（6-6）近似计算

$$\hat{P}_{\mathrm{f}} \approx \frac{1}{N_{\mathrm{MC}}}\sum_{i=1}^{N_{\mathrm{MC}}} I_{\hat{G}\leqslant 0}(\boldsymbol{x}_{\mathrm{MC},i}) \tag{6-6}$$

式中，N_{MC}为蒙特卡罗样本数；$I_{\hat{G}}(\boldsymbol{x})$ 为失效指示函数，当 $\hat{G}(\boldsymbol{x})\leqslant 0$ 时，$I_{\hat{G}}(\boldsymbol{x})=1$，否则 $I_{\hat{G}}(\boldsymbol{x})=0$。然而，失效概率估计值 $\hat{P}_{\mathrm{f}}$ 的精度取决于 $\hat{G}(\boldsymbol{x})=0$ 与 $G(\boldsymbol{x})=0$ 间的“距离”，在 $\hat{G}(\boldsymbol{x})\neq 0$ 的区域，只要 $\hat{G}(\boldsymbol{x})$ 与 $G(\boldsymbol{x})$ 的符号相同，就不会对 $\hat{P}_{\mathrm{f}}$ 的精度产生影响，当 $\hat{G}(\boldsymbol{x})=0$ 与 $G(\boldsymbol{x})=0$ 完全重合时，$\hat{P}_{\mathrm{f}}=P_{\mathrm{f}}$。因此，本节提出自适应策略的思想是在 $\hat{G}(\boldsymbol{x})=0$ 上选取对失效概率贡献大的若干个点，并计算出所选若干个点的结构响应值，在迭代过程中不断更新 $\hat{G}(\boldsymbol{x})=0$，进而使 $\hat{G}(\boldsymbol{x})=0$ 逐渐接近 $G(\boldsymbol{x})=0$，直至满足收敛条件。

6.3.1.1 自适应 PC-Kriging 方法

自适应 PC-Kriging 方法（adaptive PC-Kriging，APC-Kriging）是采用 k-means 聚类分析的方法确保每次迭代添加若干个对失效概率贡献较大的样本点。所提出的自适应 PC-Kriging 方法选取样本点主要步骤如下。

步骤 1：$t=0$，最初的试验设计样本点是由拉丁超立方随机采样生成的，并精确地计算出相应的功能函数响应值，即计算 $\hat{G}(x)$，$\tilde{P}_{f,0}$。设初始样本点个数为 M_0，则有

$$\Omega_0 = \{(x_{0,i}, y_{0,i}), i=1,2,\cdots,M_0\}$$
$$\boldsymbol{X}_0 = \{\boldsymbol{x}_{0,1}, \boldsymbol{x}_{0,2}, \cdots, \boldsymbol{x}_{0,M_0}\}$$

步骤 2：$t=t+1$，在 $\hat{G}_{t-1}(\boldsymbol{x})=0$ 上通过马尔科夫链蒙特卡罗模拟法（MCMC）产生 K 个点。给定 $\hat{G}_{t-1}(\boldsymbol{x})$，采用 MCMC 法生成 M 维服从 $f(\boldsymbol{x})$（$f(\boldsymbol{x})$ 为 $\boldsymbol{x}$ 的联合概率密度函数）且满足式（6-7）的随机向量，则认为随机抽取的点在 $\hat{G}_{t-1}(\boldsymbol{x})=0$ 上。当抽取的点的数量达到 K 个时，随机抽取过程停止，则生成的随机向量为 $\tilde{\boldsymbol{X}}_{t-1}=\{\tilde{\boldsymbol{x}}_{t-1,1}, \tilde{\boldsymbol{x}}_{t-1,2}, \cdots, \tilde{\boldsymbol{x}}_{t-1,K}\}$，本节令 $K=2000$，$[\varepsilon]=0.01$。

$$|\hat{G}_{t-1}(\boldsymbol{x})| \leqslant [\varepsilon] \tag{6-7}$$

步骤 3：采用 k-means 聚类分析方法将 $\tilde{X}_{t-1}$ 分成 k 个类别，并将这 k 个类别的中心点映射到 $\hat{G}_{t-1}(\boldsymbol{x})=0$ 上。令 $\{s_{t-1,1}, s_{t-1,2}, \cdots, s_{t-1,k}\}$ 表示 k 个聚类中心。当 $\hat{G}_{t-1}(\boldsymbol{x})=0$ 为非线性曲面时，则不能保证这 k 个类别的中心点都在 $\hat{G}_{t-1}(\boldsymbol{x})=0$ 上，这时就需要将未在 $\hat{G}_{t-1}(\boldsymbol{x})=0$ 上的中心点映射到 $\hat{G}_{t-1}(\boldsymbol{x})=0$ 上。映射方法为找到满足式（6-8）的点，并得到 $S_{t-1}=\{\hat{\boldsymbol{s}}_{t-1,0}, \hat{\boldsymbol{s}}_{t-1,1}, \cdots, \hat{\boldsymbol{s}}_{t-1,k}\}$，其中 $\hat{\boldsymbol{s}}_{t-1,0}$ 为 $\hat{G}_{t-1}(\boldsymbol{x})$ 的设计点。

$$\left.\begin{aligned} &\min \|\boldsymbol{x}-\boldsymbol{s}_{t-1,i}\| \\ &\text{s. t. } \hat{G}(\boldsymbol{x})=0 \end{aligned}\right\} \tag{6-8}$$

式中，$i=1,2,\cdots,k$。

步骤 4：调整集合 S_{t-1} 中的各点位置。定义距离 D_0，见式（6-9），假设在集合 S_{t-1} 中任意两个样本点之间的距离小于 D_0，则可视为是不能接受的，此时需要对集合 S_{t-1} 中个别点的位置进行调整。

$$D_0 = e\left[\frac{2}{M(M-1)}\sum_{i<j}\|\boldsymbol{x}_i-\boldsymbol{x}_j\|\right] \tag{6-9}$$

式中，e 为给定常数。

集合 S_{t-1} 中各点可能出现两种情况：（1）S_{t-1} 内部某些点间的距离可能过小。$\hat{\boldsymbol{s}}_{t-1,0}$ 与 $\hat{\boldsymbol{s}}_{t-1,1}, \cdots, \hat{\boldsymbol{s}}_{t-1,k}$ 中某些点距离很小的可能性较大；（2）S_{t-1} 中的某个点与 $\boldsymbol{X}_{t-1}$ 中某些点间的距离过小。若出现情况（1），比如 $\hat{\boldsymbol{s}}_{t-1,1}$ 与 $\hat{\boldsymbol{s}}_{t-1,2}$ 的距离小于 D_0，则要改变概率密度函数较小点的位置，概率密度函数较大点的位置不变；若出现情况（2），则改变 S_{t-1} 中对应点。样本点位置调整的方法为：假设先要改变 $\hat{\boldsymbol{s}}_{t-1,1}$ 的位置，将 $\tilde{\boldsymbol{X}}_{t-1}$ 中点按照与 $\hat{\boldsymbol{s}}_{t-1,1}$ 距离升序排列，依次将 $\hat{\boldsymbol{s}}_{t-1,1}$ 变换至新序列各点位置，直至满足 $\hat{\boldsymbol{s}}_{t-1,1}$ 与所有 S_{t-1} 及 $\boldsymbol{X}_{t-1}$ 中所有点距离都大于 D_0。

步骤 5：计算出集合 S_{t-1} 中各样本点相对应的功能函数值。$\Omega_{t-1}^0\{(\hat{\boldsymbol{s}}_{t-1,i},$

$y_{t-1,i})$, $i=0,1,\cdots,k\}$，$\Omega_t=\Omega_{t-1}\cup\Omega_{t-1}^0$。

步骤6：根据 Ω_t 并结合式（6-4）、式（6-8）和式（6-9）计算 $\hat{G}(\boldsymbol{x})$，$\tilde{P}_{f,t}$。若满足式（6-10）的收敛条件，则迭代过程停止，$\tilde{P}_{f,t}$ 即为 P_f 估计值；否则返回步骤2，直至 $\tilde{P}_{f,t}$ 满足收敛条件。

自适应 PC-Kriging 方法流程图如图 6-3 所示。

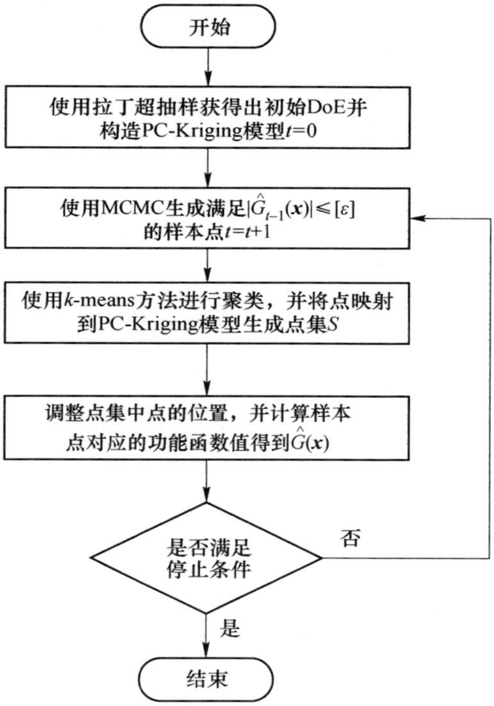

图 6-3 自适应 PC-Kriging 方法流程图

6.3.1.2 收敛条件

收敛条件采用式（6-10）中的学习停止条件，其基本思想为随着迭代过程进行，符号预测错误的样本点数占总失效样本点数的比例很小时，失效概率估计值满足精度要求，学习过程停止，其表达式为

$$\frac{N_{\mathrm{un}}}{N_{\mathrm{fail}}}\leqslant\alpha \tag{6-10}$$

式中，N_{un} 为符号预测错误的样本总数；N_{fail} 则代表总失效样本数；α 为 $\hat{P}_f$ 的许用误差，其中

$$N_{\mathrm{un}}=2\left[\frac{N_{U<P}}{2}+N_{P\leqslant U\leqslant Q}\Phi(-U)\right] \tag{6-11}$$

$$N_{\text{fail}} = \sum_{i=1}^{N_{\text{MC}}} I_{\hat{G}}(\boldsymbol{x}_i)$$

式中，用 $N_{U<P}$表明符号预测错误概率高的样本点，这样的点可以看作一定失效的点。用 $N_{P\leqslant U\leqslant Q}$表明符号预测错误概率较高的样本点，这样的样本点可用 $N_{P\leqslant U\leqslant Q}\cdot\Phi(-U)$ 表明其失效预测错误的总个数。本节中，$P=1$，$Q=2$，$\alpha=0.03$。

6.3.2 算例验证

6.3.2.1　算例 1：两个随机变量

选取具有两个随机变量的状态函数，其表达式为

$$G(\boldsymbol{x}) = \min\begin{cases} 3+0.1(x_1-x_2)^2-(x_1+x_2)/\sqrt{2} \\ 3+0.1(x_1-x_2)^2+(x_1+x_2)/\sqrt{2} \\ (x_1-x_2)+6/\sqrt{2} \\ (x_2-x_1)+6/\sqrt{2} \end{cases} \tag{6-12}$$

式中，x_1、x_2 为服从标准正态 $N(0, 1)$ 的独立同分布随机变量。

适当抽取构建初始 PC-Kriging 模型时所需样本点数，设 $N_0=6$。为取得分布较为均匀的初始样本点，采用拉丁超立方抽样（LHS，Latin Hypercube Sampling）在［-5，5］区域内抽取初始样本点。通过 MATLAB 中的工具箱根据所提算法建立 PC-Kriging 预测模型，并通过主动学习，更新样本空间 DoE，并不断提高模型精度，重复该过程，直到满足迭代停止条件。其中，N_{it}表示迭代次数，N_{call}为调用样本点数，ε 为失效概率估计值与标准值的相对误差，失效概率标准值由 MCS 方法计算得到。

通过图 6-4 和表 6-1 的结果对比，可以发现在 N_{call}项所提方法需要最少的样本点就可以达到足够高精度，这是因为应用到聚类分析，使得在满足精度的要求

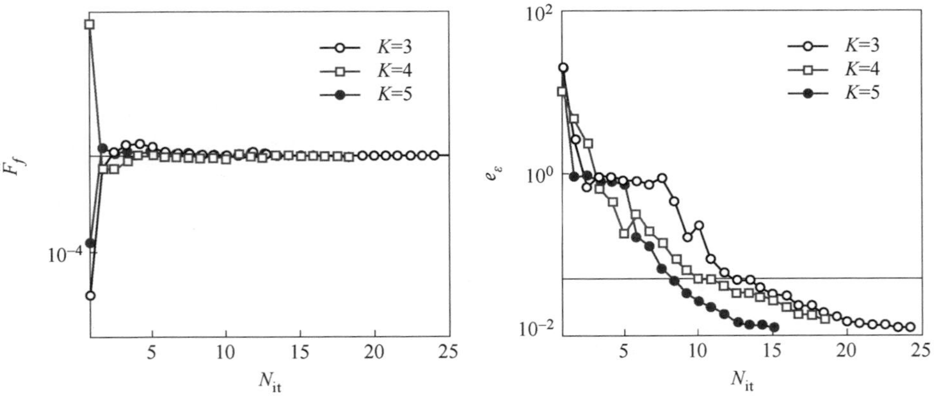

图 6-4　失效概率与相对误差变化趋势

下迭代次数得到大幅度的降低，从而提高计算效率。

表 6-1 二维算例结果对比

方法		N_{it}	N_{call}	$\hat{P}_f$	ε/%
MCS		—	2.5×10^6	4.497×10^{-3}	—
AK - MCS + U		45	6 + 44	4.42×10^{-3}	1.6
AK - MCS + EFF		55	6 + 54	4.41×10^{-3}	2
AK - SSIS + H		59	6 + 58	4.38×10^{-3}	2.5
本方法	$K=3$	13	6 + 36	4.44×10^{-3}	1.2
	$K=4$	11	6 + 40	4.46×10^{-3}	0.8
	$K=5$	8	6 + 35	4.43×10^{-3}	1.5

6.3.3.2 算例 2：悬臂圆筒结构

悬臂式圆柱筒结构是一个拥有 9 个随机变量的高维非线性的工程结构，该结构的 9 个输入随机变量分别为 t、d、L_1、L_2、F_1、F_2、P、T、S。其分布特征见表 6-2。

表 6-2 随机变量的分布特征

变量	参数 1	参数 2	分布
t	5mm（均值）	0.1 mm（标准差）	正态
d	42mm（均值）	0.5mm（标准差）	正态
L_1	119.75mm（下限）	120.25mm（上限）	均匀
L_2	59.75mm（下限）	60.25mm（上限）	均匀
F_1	3.0kN（均值）	0.3kN（标准差）	正态
F_2	3.0kN（均值）	0.3kN（标准差）	正态
P	12.0kN（均值）	1.2kN（标准差）	Gumbel
T	90.0Nm（均值）	9.0Nm（标准差）	正态
S	220MPa（均值）	22MPa（标准差）	正态

图 6-5 中悬臂式圆筒结构受到外力 F_1、F_2、P 和扭矩 T 的作用，其功能函数表示为屈服强度 S 和最大应力 σ_{max} 的差

$$G(\boldsymbol{x}) = S - \sigma_{max} \tag{6-13}$$

式中，σ_{max} 表示在原点处筒上表面所受的最大等效应力。

$$\sigma_{max}\sqrt{\sigma_x^2 + 3\tau_{zx}^2} \tag{6-14}$$

式中，σ_x 为正应力；τ_{zx} 为扭应力。

$$\sigma_x \frac{P + F_1\sin\theta_1 + F_2\sin\theta_2}{A} + \frac{Mc}{l} \tag{6-15}$$

式中，$\theta_1 = 5°$，$\theta_2 = 10°$，M 为弯矩。

$$M = F_1L_1\cos\theta_1 + F_2L_2\cos\theta_2$$

$$A = \frac{\pi}{4}[d^2 - (d-2t)^2]$$

$$c = d/2$$

$$l = \frac{\pi}{64}[d^4 - (d-2t)^4]$$

$$\tau_{zx} = \frac{Td}{2J}$$

$$J = 2l$$

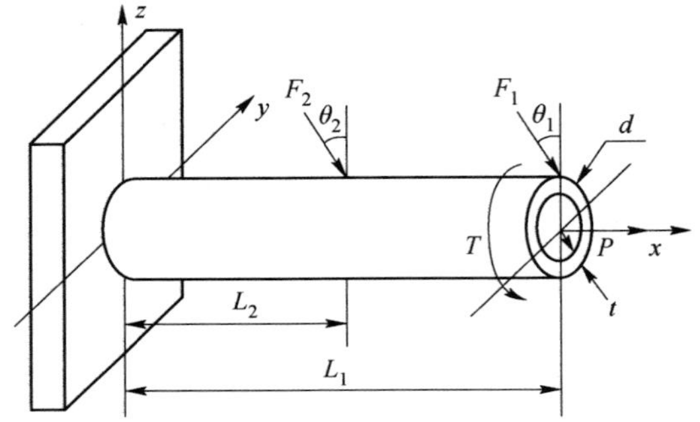

图 6-5 悬臂式圆筒结构

首先，采用 Nataf 变换将上述随机变量映射到标准正态空间，并在$[-5,5]^9$立方体内抽取 $N_0=11$ 个拉丁超立方随机样本点，再应用所提算法评估悬臂式圆柱筒的可靠性。所提算法与其他现有算法所得失效概率估计值随迭代次数的变化趋势如图 6-6 所示，其中横坐标为迭代次数 N_{it}，纵坐标为失效概率估计值的对数

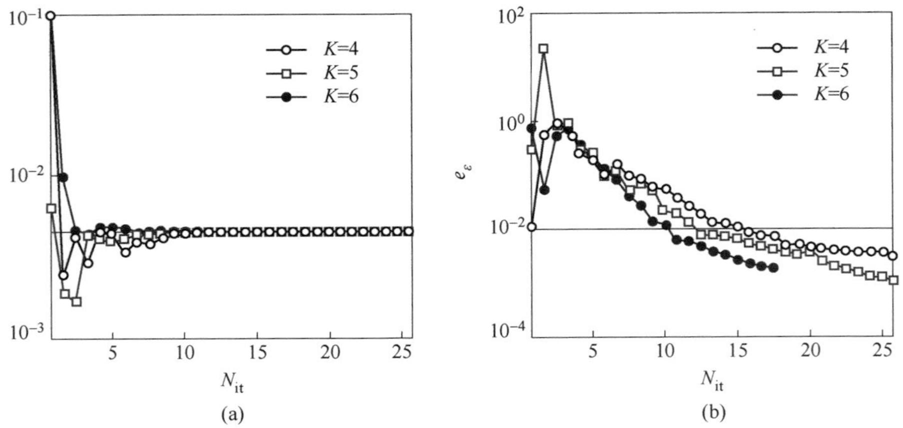

图 6-6 失效概率与相对误差变化趋势

（a）失效概率变化曲线；（b）失效概率相对误差变化曲线

形式。此外，表 6-3 列举了本节中算法与其他方法所得结果。通过比较，不难发现本节中的算法相较于其他方法在效率和精度方面更具优势。

表 6-3　九维算例结果对比

方　法		N_{it}	N_{call}	$\hat{P}_f$	ε
MCS		—	10^{10}	1.500×10^{-4}	—
EGRA		94	105	1.502×10^{-4}	0.13×10^{-3}
AK - MCS + U		72	83	1.503×10^{-4}	0.2×10^{-3}
本节方法	$K=4$	16	11 +60	1.502×10^{-4}	0.13×10^{-3}
	$K=5$	13	11 +60	1.501×10^{-4}	0.067×10^{-3}
	$K=6$	12	11 +66	1.501×10^{-4}	0.067×10^{-3}

6.4　基于自适应代理模型的可靠性优化方法

基于代理模型的可靠性优化设计方法已被广泛应用到不确定性优化设计领域中，代理模型技术是将实际的复杂结构问题转换成为近似的数学问题来进行求解，不仅可以提高优化设计模型的计算效率，而且还可以得到整个结构在设计空间的性能。基于此，本节提出了一种基于 APCK-SORA 模型的可靠性优化设计方法。首先，采用 PC-Kriging 来近似数值模型的全局行为，用 Kriging 来处理模型输出的局部变化。其次，采用自适应 *k*-means 聚类分析将空间分成若干个区域，并从每个区域选取一个最佳样本点，从而使多个区域同时达到提高 PC-Kriging 模型精度及计算效率的目的。最后，与 SORA 优化策略（将可靠性评估和优化设计分离开来求解）相结合，以较少的循环次数即可使模型收敛并得到最优解，使复杂的优化设计问题的求解变得简单高效。

6.4.1　APCK-SORA 的数学模型

建立基于 APCK-SORA 的可靠性优化的数学模型为

$$
\begin{aligned}
&\text{DV}\quad (\boldsymbol{d},\boldsymbol{X}^M)\\
&\min\quad f(\boldsymbol{d},\boldsymbol{X}^M,\boldsymbol{Y}^M)=\{f_1(\boldsymbol{d},\boldsymbol{X}^M,\boldsymbol{Y}^M),f_2(\boldsymbol{d},\boldsymbol{X}^M,\boldsymbol{Y}^M),\cdots,f_m(\boldsymbol{d},\boldsymbol{X}^M,\boldsymbol{Y}^M)\}\\
&\text{s.t.}\quad G_i(\boldsymbol{d},\boldsymbol{X}_{\mathrm{MPP}i},\boldsymbol{Y}_{\mathrm{MPP}i})\geqslant 0,i=1,2,\cdots,n\\
&\qquad g_i(\boldsymbol{d},\boldsymbol{X}^M,\boldsymbol{Y}^M)\leqslant 0,j=1,2,\cdots,p\\
&\qquad h_k(\boldsymbol{d},\boldsymbol{X}^M,\boldsymbol{Y}^M)=0,k=1,2,\cdots,q\\
&\qquad \boldsymbol{d}^L\leqslant\boldsymbol{d}\leqslant\boldsymbol{d}^U\\
&\qquad \boldsymbol{X}^{M,L}\leqslant\boldsymbol{X}^M\leqslant\boldsymbol{X}^{M,U}
\end{aligned}
\tag{6-16}
$$

式中，$\boldsymbol{X}_{\mathrm{MPP}i}$、$\boldsymbol{Y}_{\mathrm{MPP}i}$分别为在可靠性评估中得到的随机设计变量和随机参数的最有

可能失效点（MPP）；M 为目标函数的个数；G_i（$\boldsymbol{d}$，$\boldsymbol{X}_{\mathrm{MPP}i}$，$\boldsymbol{Y}_{\mathrm{MPP}i}$）$\leqslant 0$ 为从可靠性约束转换为的等效确定性约束。

根据序列优化和可靠性评估方法（SORA），式（6-14）又可以改写为如下形式

$$
\begin{aligned}
&\mathrm{DV}\quad (\boldsymbol{d},\boldsymbol{X}^M)\\
&\min\quad f(\boldsymbol{d},\boldsymbol{X}^M,\boldsymbol{Y}^M)=\{f_1(\boldsymbol{d},\boldsymbol{X}^M,\boldsymbol{Y}^M),f_2(\boldsymbol{d},\boldsymbol{X}^M,\boldsymbol{Y}^M),\cdots,f_m(\boldsymbol{d},\boldsymbol{X}^M,\boldsymbol{Y}^M)\}\\
&\mathrm{s.\,t.}\quad G_i(\boldsymbol{d},\boldsymbol{X}^M-\boldsymbol{s}_i,\boldsymbol{Y}_{\mathrm{MPP}i})\geqslant 0,i=1,2,\cdots,n\\
&\qquad g_j(\boldsymbol{d},\boldsymbol{X}^M,\boldsymbol{Y}^M)\leqslant 0,j=1,2,\cdots,p\\
&\qquad h_k(\boldsymbol{d},\boldsymbol{X}^M,\boldsymbol{Y}^M)=0,k=1,2,\cdots,q\\
&\qquad \boldsymbol{d}^L\leqslant\boldsymbol{d}\leqslant\boldsymbol{d}^U\\
&\qquad \boldsymbol{X}^{M,L}\leqslant\boldsymbol{X}^M\leqslant\boldsymbol{X}^{M,U}
\end{aligned}
\tag{6-17}
$$

式中，$\boldsymbol{s}_i=\boldsymbol{X}^{M(k-1)}-\boldsymbol{X}_{\mathrm{MPP}i}^{(k-1)}$。

可靠性分析部分则采用 6.3 节中提出的 APC-Kriging 进行求解。判断是否满足可靠性要求，若不满足，将构建下一循环的确定性优化模型。

6.4.2　APCK-SORA 的求解步骤

在 SORA 的每次循环中，都要首先进行确定性优化，随后进行可靠性分析。APCK-SORA 方法的基本流程（见图 6-7）及主要步骤如下。

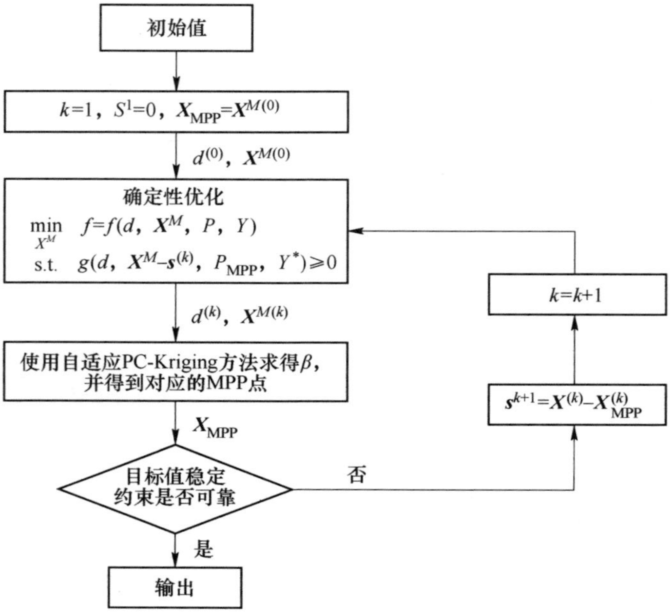

图 6-7　APCK-SORA 方法的流程

（1）首先对最初的试验设计样本点是由拉丁超立方随机采样生成的，并精确的计算出相应的功能函数响应值，即计算 $\hat{G}_0(\boldsymbol{x})$，$\tilde{P}_{f,0}$。设初始样本点个数为 M_0。

（2）求解确定性优化。设置优化设计变量初始值为 $d^{(0)}$，$\boldsymbol{X}^{M(0)}$，上标 0 表示尚未进行可靠性分析。从第 1 次循环开始，在确定性优化中得到 $\boldsymbol{X}_{\mathrm{MPP}i}^{(k)}$ 和 $\boldsymbol{s}_i$ 建立全新的优化计算模型。

（3）在确定性优化中得到的最优设计点 $\boldsymbol{d}^{(k)}$，$\boldsymbol{X}^{M(k)}$ 处进行可靠性分析，求出相对应的 $\boldsymbol{X}_{\mathrm{MPP}i}^{(k)}$。

（4）检验可行性和收敛性。如果所有的可靠性约束和确定性约束均得到满足，并且系统目标函数值收敛，$\|f^{(k)}-f^{(k-1)}\|\leqslant\varepsilon$，$\varepsilon$ 为一个 0.001，则可靠性优化过程停止。反之则根据当前的 MPP 计算 $\boldsymbol{s}_i$，调整设计变量 $\boldsymbol{X}^M$ 的位置，确保约束边界在可行域内，转至步骤（3）。

6.4.3 算例验证

6.4.3.1 算例 1：两个设计算例

$$\min_{d} d_1^2+d_2^2$$
$$\text{s. t.}\begin{cases}P(G(\boldsymbol{d},\boldsymbol{x})\leqslant 0)\leqslant\Phi(-\beta_t)\\0\leqslant d\leqslant 15\end{cases}\tag{6-18}$$

功能函数为

$$G(\boldsymbol{d},\boldsymbol{x})=\frac{1}{5}d_1d_2x_2^2-x_1$$

式中，d_1、d_2 为设计变量；x_1、x_2 为随机变量，其中随机变量 x_1 服从正态分布 $N(5,1.5)$，随机变量 x_2 服从正态分布 $N(3,0.9)$；目标可靠指标 β_t 为 2.32，初始点分别选为[2,2]和[12,12]，计算结果见表 6-4。

表 6-4 算例 1 计算结果

初始点	PMA two-level	SAP with PMA	SORA	SLA	本节方法
$\boldsymbol{d}_0=[2,2]$	192/2	50/5	78/4	33/9	10/2
	63.095	63.095	63.095	63.095	63.095
	(5 −617,5.617)	(5 −617,5.617)	(5 −617,5.617)	(5 −617,5.617)	(5 −617,5.617)
$\boldsymbol{d}_0=[12,12]$	164/2	47/5	63/4	38/9	20/2
	63.095	63.095	63.095	63.095	63.095
	(5 −617,5.617)	(5 −617,5.617)	(5 −617,5.617)	(5 −617,5.617)	(5 −617,5.617)

表 6-4 中第一行数据如 192/2，表示优化迭代次数为 2，功能函数计算次数为 192 次；第二、三行数据如 63.095(5 −617,5.617) 分别表示最优目标值和最优

设计点。由表 6-4 可知，初始点为[2,2]和[12,12]时，这几种算法都能收敛于最优解 63.095，最优设计点为(5 -617,5.617)。可以发现，在满足精度的要求的同时，本节所提方法拥有更少的迭代次数，具有高效性。

6.4.3.2　算例 2：五个功能函数算例

$$
\begin{aligned}
\min \quad & f(\boldsymbol{d}) = d_1 * d_2 \\
\text{s.t.} \quad & P_f(G(\boldsymbol{d},\boldsymbol{x}) \leqslant 0) \leqslant \Phi(-\beta_t) \\
& 2 \leqslant d_t \leqslant 20, \quad i = 1,2
\end{aligned}
\tag{6-19}
$$

式中，$\boldsymbol{d}=[\mu(x_1),\mu(x_2)]$；$\beta_t=2.5$；随机变量 x_1、x_2 分别服从正态分布 $N(10,1)$。

功能函数分别如下：

$$
\begin{aligned}
G_1(d,x) &= x_1^2 + x_2^2 - 18 \\
G_2(d,x) &= x_1^3 + x_2^3 - 18 \\
G_3(d,x) &= x_1^4 + x_2^4 - 18 \\
G_4(d,x) &= x_1^4 + x_2^4 - 20 \\
G_5(d,x) &= x_1^3 + x_1^2 x_2 - 18
\end{aligned}
$$

计算结果见表 6-5。初始点选在随机变量的均值处，表中“×”表示优化失败。由表 6-5 可知，在收敛性上，SLA 算法和本节中算法最好。对于 PMA 算法由于在求解最小功能目标点时采用了 AMV 迭代格式，当功能函数高度非线性时迭代格式出现不收敛。通过对比可以发现，本节所提方法不仅精度高，而且迭代次数相对于其他方法得到大幅度的降低，适用于非线性度高的可靠性优化问题。

表 6-5　算例 2 计算结果

功能函数	PMA two-level	SAP with PMA	SORA	SLA	本节方法
G_1	54/2	35/5	31/2	27/2	5/2
	22.732	22.732	22.732	22.732	22.732
	(4 -768, 4.768)	(4 -768, 4.768)	(4 -768, 4.768)	(4 -768, 4.768)	(4 -768, 4.768)
G_2		49/7	46/2	42/2	12/2
	×	14.806	14.806	14.806	14.806
		(3 -848, 3.848)	(3 -848, 3.848)	(3 -848, 3.847)	(3 -848, 3.848)
G_3		139/13		60/2	18/2
	×	4.045	×	7.655	7.544
		(2 -000, 2.023)		(2 -000, 3.828)	(2 -000, 3.728)
G_4		128/11		72/2	20/2
	×	8.22	×	8.000	8.000
		(2 -000, 4.114)		(2 -000, 4.000)	(2 -000, 4.015)

续表 6-5

功能函数	PMA two-level	SAP with PMA	SORA	SLA	本节方法
G_5	624/2	133/13	118/3	159/7	30/3
	9.139	9.139	9.139	9.139	9.139
	(4－569，2.000)	(4－569，2.000)	(4－569，2.000)	(4－569，2.000)	(4－569，2.000)

6.5　热－结构耦合齿轮的可靠性优化设计

高速重载齿轮广泛应用在航天航空、船舶工业及高速列车等领域，各行业齿轮装置也正朝向高速、重载及轻量化方向发展。高速重载齿轮由于齿面温升过高易产生齿面胶合从而导致传动失效。本节将在第4、第5章研究成果的基础上采用自适应代理模型可靠性优化设计方法（APCK-SORA）对热－结构耦合的高速重载齿轮进行优化设计。以齿轮副质量之和最小（轻量化）、重合度最大（保证传动平稳性）和抗胶合强度最大为目标函数；以影响齿轮热变形、热共振的敏感性参数及齿轮的基本参数如齿数、齿宽、模数等为设计变量；以热传动误差（热变形量）、与激振频率最接近阶次的固有频率（热共振）及齿面的接触强度和齿根的弯曲强度为约束条件；以实现高速重载齿轮的体积轻量化，具有较好的传动平稳性及抗胶合能力的可靠性优化设计目标。

6.5.1　目标函数

6.5.1.1　齿轮副质量之和最小

将渐开线直齿圆柱齿轮视为圆柱体，直径为其分度圆直径，高度为齿宽，则传动系统总质量为

$$M = M_1 + M_2 = \frac{\pi}{4}(d_1^2 b_2 + d_2^2 b_2)\rho$$

6.5.1.2　重合度最大

为了保证齿轮传动的连续性，重合度 ε 必须大于或至少等于 1，ε 值越大，表明齿轮传动的连续性越好，传动越平稳。

$$\varepsilon = \frac{1}{2\pi}[z_1(\tan\alpha_1 - \tan\alpha) + z_2(\tan\alpha_2 - \tan\alpha)] \tag{6-20}$$

式中，$\alpha_1 = \arccos\dfrac{d_{b1}}{d_{a1}}$；$\alpha_2 = \arccos\dfrac{d_{b2}}{d_{a2}}$；$d_{a1}$、$d_{a2}$ 为齿顶圆直径；d_{b1}、d_{b2} 为基圆直径。

6.5.1.3　抗胶合能力最大

瞬时接触准则（Blok 闪温法）认为，热胶合破坏产生的原因是接触点摩擦

产生的高温使润滑油膜破裂，局部金属直接接触，使摩擦系数急剧增大，导致更高的温度，金属间形成黏焊，由于相对运动撕开焊点从而形成胶合破坏。在工程上，Blok 闪温法热胶合强度条件为

$$t_{C\max} = t_M + T_{t\max} \leqslant t_s$$

齿轮胶合强度安全系数见式（6-21）。

$$S_B = \frac{t_s - t_{\text{oil}}}{t_{C\max} - t_{\text{oil}}} \tag{6-21}$$

式中，$t_{C\max}$为啮合面最高接触温度,℃；t_M 为本体温度,℃；$T_{t\max}$为接触面上最高闪温,℃；t_s 为临界胶合温度,℃；t_{oil}为热稳态时润滑油温,℃。由于润滑油的极限温度是 220℃，所以本节将临界胶合温度设为 220℃。其中 $t_{C\max}$、t_{oil}是通过有限元仿真求解得到的，齿轮胶合强度安全系数 S_B 越大表示抗胶合能力越强，也就是说应使啮合面最高接触温度 $t_{C\max}$越低越好。

6.5.2 设计变量

优化时选取主动与从动齿轮的齿数、模数、齿宽共 6 个变量作为优化设计变量，齿轮传动系统的其他基本设计参数保持不变，设计变量见式（6-22）。

$$\boldsymbol{x} = [x_1, x_2, x_3, x_4, x_5]^{\mathrm{T}} = [m, z_1, b_1, z_2, b_2]^{\mathrm{T}} \tag{6-22}$$

6.5.3 约束条件

6.5.3.1 热变形量约束

为避免高速重载齿轮的热变形导致齿轮副发生“卡死”现象，需确保齿轮热变形量小于齿轮最小侧隙（节线上齿槽宽度大于齿厚的量）。

$$j_{\min} = \frac{2}{3}(0.06 + 0.0005a + 0.03m) \tag{6-23}$$

$$G_1(X) = j_{\min} - \Delta\delta_{\max} \geqslant 0 \tag{6-24}$$

式中，$j_{\min}$为齿轮最小侧间隙；a 为中心距；$\Delta\delta_{\max}$为 ANSYS 仿真得到轮齿最大变形量。

6.5.3.2 热共振频率约束

根据共振原理，当激励频率接近或等于固有频率时，齿轮转子将发生共振。根据可靠性干扰理论，随机结构失效分析的状态函数为

$$G_{2,i}(X) = |p - \omega_i|, \ (i = 1, 2\cdots, n)$$

齿轮转子系统结构应避免共振发生，应有

$$G_{2,i}(X) = |p - \omega_i| - \gamma > 0$$

式中，p 为激振频率；ω_i 为第 i 次的固有频率；γ 为齿轮转子各阶固有频率的 10%。

6.5.3.3 传动比约束

传动比为两渐开线齿轮的角速度之比，优化设计（轻量化）将导致齿轮副齿数发生改变，为不影响齿轮副的传动比需对其进行约束

$$i_{12}=\frac{z_2}{z_1} \tag{6-25}$$

$$G_3(X)=0.05-|i_{12}-1.7|/1.7>0 \tag{6-26}$$

式中，i_{12}为主动与从动齿轮间的传动比；z_1、z_2 分别为主动齿轮与从动齿轮的齿数。

6.5.3.4 中心距约束

齿轮副间中心距的改变，而两传动比不变的性质，称为渐开线齿轮的可分性。但考虑齿轮箱的整体尺寸，因此对齿轮副的中心距进行约束

$$Va=|a-a_0| \tag{6-27}$$

$$G_4(X)=Va=0 \tag{6-28}$$

式中，Va 为齿轮副间初始与优化后中心距的变化量；a_0 为齿轮副间初始中心距；a 为优化齿轮副间的中心距。

6.5.3.5 变位系数约束

在齿轮的优化设计中可能会对齿数和模数进行改进，从而导致理论中心距与实际中心距不等，此时往往需要调整变位系数来满足中心距的约束要求。其中总变位系数为

$$x_\Sigma=\frac{(\mathrm{inv}\alpha'-\mathrm{inv}\alpha)\cdot(z_1+z_2)}{2\tan\alpha} \tag{6-29}$$

$$\alpha'=\arccos\left(\frac{a}{a'}\cos\alpha\right) \tag{6-30}$$

式中，α 为齿形角；α'为啮合角；a 为理想中心距；a'为实际中心距。

对于变位系数的分配，由于高速重载齿轮的转速较高，因此针对渐开线直齿圆柱齿轮的变位系数采用胶合失效的分配的方法对其进行约束。

$$G_5(X)=x_1$$

$$x_1=\frac{x_\Sigma}{i+1}\cdot\frac{i-1}{i+1+0.4z_2}$$

$$x_2=x_\Sigma-x_1$$

式中，x_Σ 为总变位系数；x_1、x_2 分别为主动齿轮与从动齿轮的变位系数；i 为传动比。

6.5.3.6 齿数约束

考虑齿轮传动的最小齿数要求及传动比的分配情况，将主、从动齿轮齿数取整数，标准直齿圆柱齿轮不发生跟切的最少齿数是17，因此其取值范围如下。

$$\left.\begin{array}{l}17\leqslant z_1\leqslant 24\\30\leqslant z_2\leqslant 38\end{array}\right\}\quad(z_1,z_2\text{ 为整数})$$

$$G_6(X)=z_1-17>0$$

式中，$G_6(X)$为主动齿轮与从动齿轮的齿数。

6.5.3.7　模数约束

模数 m 是齿轮的一个基本参数，模数越大，齿轮的齿距就越大，标准直齿圆柱齿轮的模数已经标准化，模数的选取范围如下。

$$m=(1.0,1.25,1.5,1.75,2.0,2.25,2.5,2.75,3)$$

参照《机械设计手册》取模数大于等于 2.5，即

$$G_7(X)=m-2.5>0$$

6.5.3.8　齿宽约束

根据大齿轮（从动轮）齿宽 $b_2=\Phi_d d_2$ 计算得出，应加以圆整，作为大齿轮的齿宽。小齿轮（主动轮）齿宽要求：$b_1=b_2+(0.5\sim1.0)$mm。

$$\Phi_d<1.2$$

$$G_8(X)=1.2-\Phi_d\geqslant 0$$

式中，Φ_d 为齿宽系数；d 为小齿轮分度圆直径。

6.5.3.9　齿轮的强度约束

齿轮的强度约束包括齿轮接触强度约束和齿根弯曲强度约束。齿面接触强度与齿面接触应力和许用接触应力有关。

齿面接触强度 σ_H 的约束函数为

$$G_9(X)=\sigma_H-[\sigma_H]<0$$

齿根弯曲强度和齿轮材料的许用弯曲应力有关。小齿轮和大齿轮的齿根弯曲强度 σ_{F_1}、σ_{F_2}的约束函数分别为

$$G_{10}(X)=\sigma_{F_1}-[\sigma_F]_1<0$$

$$G_{11}(X)=\sigma_{F_2}-[\sigma_F]_2<0$$

本节齿轮接触应力和齿根弯曲应力是通过 MATLAB 与 ANSYS 联合仿真求解与提取得到的。

6.5.4　齿轮的可靠性优化设计

热－结构耦合齿轮的可靠性优化数学模型为

$$\begin{aligned}&\text{设计变量}\quad \boldsymbol{X}^M=(x_1^M,x_2^M,x_3^M,x_4^M,x_5^M)\\&\min\quad f(\boldsymbol{X}^M)=\{f_1(\boldsymbol{X}^M),f_2(\boldsymbol{X}^M),f_2(\boldsymbol{X}^M)\}\\&\text{s.t.}\quad P(G_i(\boldsymbol{X}^M)\leqslant 0)\leqslant P\\&\qquad f_1(\boldsymbol{X}^M)\geqslant 0\\&\qquad f_2(\boldsymbol{X}^M)\geqslant 1.4\end{aligned}$$

$$f_3(\boldsymbol{X}^M) \geqslant [S_B] \quad (6\text{-}31)$$
$$2.5 \leqslant x_1^M < 4$$
$$17 \leqslant x_2^M \leqslant 24$$
$$30 \leqslant x_3^M \leqslant 38$$
$$13 \leqslant x_4^M < 16$$
$$13 \leqslant x_5^M < 16$$

为了求解上面建立的数学模型，将上述模型转化为由一个确定性优化问题和一个可靠性分析组成的顺序结构。确定性优化数学模型为

$$\text{设计变量} \quad \boldsymbol{X}^M = (x_1^M, x_2^M, x_3^M, x_4^M, x_5^M)$$
$$\min \quad f(\boldsymbol{X}^M) = \{f_1(\boldsymbol{X}^M), f_2(\boldsymbol{X}^M), f_2(\boldsymbol{X}^M)\}$$
$$\text{s. t.} \quad G_i(\boldsymbol{X}^M - s) \geqslant 0$$
$$f_1(\boldsymbol{X}^M) \geqslant 0$$
$$f_2(\boldsymbol{X}^M) \geqslant 1.4$$
$$f_3(\boldsymbol{X}^M) \leqslant S_B \quad (6\text{-}32)$$
$$2.5 \leqslant x_1^M < 4$$
$$17 \leqslant x_2^M \leqslant 24$$
$$30 \leqslant x_3^M \leqslant 38$$
$$13 \leqslant x_4^M < 16$$
$$13 \leqslant x_5^M < 16$$

式中，$\boldsymbol{s}_i = \boldsymbol{X}^{M(k-1)} - \boldsymbol{X}_{\text{MPP}}^{(k-1)}$，$\boldsymbol{X}^{M(k-1)}$和$\boldsymbol{X}_{\text{MPP}i}^{(k-1)}$分别为上一次循环所得到的确定性优化解和最可能点（MPP）。在最优点处进行可靠性分析，计算得到概率约束中的MPP点（$\boldsymbol{X}_{\text{MPP}}^k$，$Y_{\text{MPP}}^k$）和下一环约束的移动向量$\boldsymbol{S}^{k+1}$，进而构建下一次迭代的确定性优化模型。

热－结构耦合齿轮的可靠性优化设计具体步骤如下。

（1）首先定义目标函数。

$$f_1(\boldsymbol{X}) = M(\boldsymbol{X}) = M_1 + M_2 = \frac{\pi}{4}(d_1^2 b_2 + d_2^2 b_2)\rho \quad (6\text{-}33)$$

$$f_2(\boldsymbol{X}) = \varepsilon = \frac{1}{2\pi}[z_1(\tan\alpha_1 - \tan\alpha) + z_2(\tan\alpha_2 - \tan\alpha)] \quad (6\text{-}34)$$

$$f_3(\boldsymbol{X}) = S_B = \frac{t_s - t_{\text{oil}}}{t_{C\max} - t_{\text{oil}}} \quad (6\text{-}35)$$

式中，根据设计要求以目标函数$f_1(\boldsymbol{X})$质量最小，重合度$f_2(\boldsymbol{X})$最大，抗胶合安全系数$f_3(\boldsymbol{X})$最大为优化目标同时要满足约束条件。

同时考虑3种设计要求，采用线性加权组合法将3个子目标函数转换成一个单目标优化函数$F(\boldsymbol{X})$，令

$$F(\boldsymbol{X}) = \lambda_1 f_1(\boldsymbol{X}) + \lambda_2 f_2(\boldsymbol{X}) + \lambda_3 f_3(\boldsymbol{X}) \tag{6-36}$$

式中，$\lambda_i(i=1,2,3)$表示加权系数，$\lambda_1=0.3$，$\lambda_2=-0.3$，$\lambda_3=-0.4$，因此$\min F(\boldsymbol{X})$为最终优化目标。

（2）采用拉丁方试验设计方法在设计空间进行初始采样，并计算其对应的响应值$F(\boldsymbol{X})$。其中$f_1(\boldsymbol{X})$和$f_2(\boldsymbol{X})$通过式（6-33）和式（6-34）计算，$f_3(\boldsymbol{X})$中的$t_{C\max}$则需 MATLAB 调用 ANSYS 软件进行齿轮的热 – 结构耦合分析来获得其啮合面最高接触温度。

（3）构建目标函数和约束函数的 PC-Kriging 近似模型。然后基于当前的近似模型进行确定性优化设计，取得当前最优解。在初始第一迭代步，设置$\boldsymbol{u}_{\mathrm{MPTP}}=\boldsymbol{0}$。

（4）给定$\boldsymbol{\mu}_X$和$\boldsymbol{\sigma}_X$，通过自适应 PC-Kriging 可靠性方法进行可靠度分析，得到$\boldsymbol{u}_{\mathrm{MPP}}$点。将优化解从设计空间转化成随机变量$\boldsymbol{X}$所在坐标空间，得到其响应值即当前最小值$G_{\min}$。如果存在多个约束，每个约束函数都将得到一个最小值$G_{i,\min}$ $(i=1,\cdots,N)$。

（5）使用自适应 PC-Kriging 方法选取最佳样本点，加入初始样本中重新构建 PC-Kriging 模型。

（6）更新所有样本点构建 PC-Kriging 近似模型，寻找全部约束的 MPP 点，如果此时所有的$\hat{G}_{i,\mathrm{MPP}}\geqslant 0, i=1,\cdots,N$，且目标函数值变化不大，则停止迭代过程即得最终结果；否则如果有任何一个$\hat{G}_{i,\mathrm{MPP}}\geqslant 0$，否则，$k=k+1$，则基于当前结果返回到第（4）步重新进行优化求解。

通过两次迭代优化设计得到最终优化结果见表 6-6。

表 6-6　优化前后结果对比

参 考 项	初始值	迭代一次结果	最优结果
m/mm	3	2.75	2.75
z_1	20	20	22
z_2	34	34	36
b_1/mm	15	14.7	14.0
b_2/mm	14.5	13.9	13.5
质量/kg	1.26	1.15	1.13
重合度	1.618	1.628	1.634
抗胶合安全系数	1.24	1.38	1.43

由表 6-6 可以看出，采用自适应代理模型的优化设计方法（APCK-SORA）对高速重载齿轮进行可靠性优化设计。首先根据齿轮模数、齿数、传动比和强度等约束条件，选定满足条件的齿轮模数、齿数及齿宽的可行域。在此基础上进行

针对目标函数：齿轮副质量之和最小、重合度最大及抗胶合能力最大为目标进行优化。通过优化得到表6-6所示的优化结果。可以发现优化后主从动轮的齿数有所增加，但其模数从3mm降至2.75mm，同时主从动轮的齿宽有所减小。为了满足中心距约束条件，采用正变位的方法对优化后的主从动齿轮进行加工处理。优化后结果为：质量减少了0.13kg，重合度提高了0.016，而齿轮的抗胶合安全系数提高了0.19。最终达到了轻量化、保证传动平稳性及抗胶合能力最大的可靠性优化设计目标。

参 考 文 献

［1］国家自然科学基金委员会工程与材料科学部．机械工程学科发展战略报告（2021—2035）［M］．北京：科学出版社，2021.

［2］中商产业研究院．2022 年中国齿轮行业市场现状及发展趋势预测分析［N］．中商情报网，2022-06-15.

［3］丁康，等．齿轮及齿轮箱故障诊断实用技术［M］．北京：机械工业出版社，2005.

［4］王娟，等．减速器输出人字齿轮温度场分析［J］．机械设计与制造，2008（5）：38-40.

［5］魏宇涛．齿轮传动误差检测平台信号控制系统的设计与实现［D］．北京：北京化工大学，2018.

［6］许锷俊，等．中央传动锥齿轮共振破坏的实验研究［J］．航空动力学报，1988（3）：193-198.

［7］彭国民．变速器齿轮传递误差分析与优化［J］．汽车技术，2009（12）：95-99.

［8］王统．用有限元法分析估算直齿轮的体积温度［J］．上海交通大学学报，1981（4）：53-70.

［9］邱良恒，等．齿轮本体温度场和热变形修形计算［J］．上海交通大学学报，1995（2）：79-86.

［10］GASPAR B, et al. Assessment of the efficiency of Kriging surrogate models for structural reliability analysis［J］. Probabilistic Engineering Mechanics, 2014, 37（4）: 24-34.

［11］SCHOEBI R, et al. Polynomial-Chaos-based Kriging［J］. Statistics, 2015, 5（2）: 55-63.

［12］FREUDENTHAL A M. The safely of structures［J］. Transitition ASCE, 1947.

［13］РЖАНИЦЫН А Р. Строитеана Иромыщаенность［М］. 1947.

［14］DISNEY R L, et al. The determination of the probability of failure by stress/strength interference theory［J］. Proceeding of Annual Symposium on reliability, 1968, 12: 55-62.

［15］CORNELL C A. A probability-based structural code［J］. Journal of ACI, 1969, 66（2）: 15-25.

［16］HASOFER A M, et al. An exact and invariant first-order reliability format［J］. ASCE, 1974, 100（1）: 1-2.

［17］RACKWITZ R, et al. Structural reliability under combined random load sequences［J］. Computers & Structures, 1978, 9（5）: 489-494.

［18］赵国藩．结构可靠度分析中一次二阶矩法的研究［J］．大连工学院学报，1984，23（2）：31-36.

［19］BREITUNG K. Asymptotic approximations for multinormal integrals［J］. Journal of Engineering Mechanics, 1984, 110（3）: 357-366.

［20］李云贵，等．广义随机空间内的结构可靠度渐近分析方法［J］．水利学报，1994（8）：36-41.

［21］DITLEVSEN O, et al. Structural reliability methods［M］. Chichester: Wiley, 1996.

［22］MELCHERS R E. Structural reliability analysis and predictions［M］. Chichester: Wiley,

1999.
[23] 刘惟信. 机械可靠性设计 [M]. 北京：清华大学出版社，2000.
[24] HARBITZ A. An efficient sampling method for probability of failure calculation [J]. Structural Safety, 1986, 3 (2): 109-115.
[25] 宋述芳，等. 高维小失效概率下的改进线抽样方法 [J]. 航空学报，2007，28 (3): 596-599.
[26] SCHUËLLER G I, et al. A critical appraisal of reliability estimation procedures for high dimensions [J]. Probabilistic Engineering Mechanics, 2004, 19 (4): 463-474.
[27] MIAO F, et al. Modified subset simulation method for reliability analysis of structural systems [J]. Structural Safety, 2011, 33 (4/5): 251-260.
[28] VALDEBENITO M A, et al. Sensitivity estimation of failure probability applying line sampling [J]. Reliability Engineering & System Safety, 2018, 171: 99-111.
[29] MIARNAEIMI F, et al. Reliability sensitivity analysis method based on subset simulation hybrid techniques [J]. Applied Mathematical Modelling, 2019, 75: 607-626.
[30] SONG J , et al. Adaptive reliability analysis for rare events evaluation with global imprecise line sampling [J]. Computer Methods in Applied Mechanics and Engineering, 2020, 372: 113344.
[31] TORII A J , et al. A priori error estimates for local reliability-based sensitivity analysis with Monte Carlo Simulation [J]. Reliability Engineering , System Safety, 2021, 213 (3): 107749.
[32] AN X and SHI D Y. Improving the evaluation efficiency of failure probability for large and complex systems using an innovative active set strategy [J]. Engineering Optimization, 2022: 2155146.
[33] WONG F S. Slope reliability and response surface method [J]. J Geotechnical Engineering Asce, 1985, 111 (1): 32-53.
[34] BLATMAN, et al. An adaptive algorithm to build up sparse polynomial chaos expansions for stochastic finite element analysis [J]. Probabilistic Engineering Mechanics, 2010, 25 (2): 183-197.
[35] BOURINET J M, et al. Assessing small failure probabilities by combined subset simulation and support vector machines [J]. Structural Safety, 2011, 33 (6): 343-353.
[36] SCHUEREMANS L, et al. Benefit of splines and neural networks in simulation based structural reliability analysis [J]. Structural Safety, 2005, 27 (3): 246-261.
[37] KAYMAZ, et al. Application of kriging method to structural reliability problems [J]. Structural Safety, 2005, 27 (2): 133-151.
[38] RANJAN P, et al. Sequential experiment design for contour estimation from complex computer codes [J]. Technometrics, 2008, 50 (4): 527-541.
[39] FARAVELLI L. A Response surface approach for reliability analysis [J]. Journal of Engineering Mechanics, 1989, 115 (12): 2763-2781.

[40] MENG X J, et al. A new sampling approach for response surface method based reliability analysis and its application [J]. Advances in Mechanical Engineering, 2014, 7 (1): 305473.

[41] BLATMAN G, et al. Adaptive sparse polynomial chaos expansion based on least angle regression [J]. Journal of Computational Physics, 2011, 230 (6): 2345-2367.

[42] TURLACH B A. Least angle regression: Discussion [J]. Annals of Statistics, 2004, 32 (2): 481-490.

[43] EFRON B, et al. Least angle regression [J]. Annals of Statistics, 2004, 32 (2): 407-451.

[44] ISUKAPALLI S S, et al. Stochastic response surface methods (SRSMs) for uncertainty propagation: Application to environmental and biological systems [J]. Risk Analysis, 2010, 18 (3): 351-363.

[45] KERSAUDY P, et al. A new surrogate modeling technique combining Kriging and polynomial chaos expansions-Application to uncertainty analysis in computational dosimetry [J]. Journal of Computational Physics, 2015, 286: 103-117.

[46] XIONG F, et al. A double weighted stochastic response surface method for reliability analysis [J]. Journal of Mechanical Science & Technology, 2012, 26 (8): 2573-2580.

[47] XUAN S N, et al. Adaptive response surface method based on a double weighted regression technique [J]. Probabilistic Engineering Mechanics, 2009, 24 (2): 135-143.

[48] KAYMAZ I, et al. A response surface method based on weighted regression for structural reliability analysis [J]. Probabilistic Engineering Mechanics, 2005, 20 (1): 11-17.

[49] SALEMI P, et al. Moving Least Squares regression for high dimensional simulation metamodeling [J]. Acm Transactions on Modeling & Computer Simulation, 2014, 26 (3): 1-12.

[50] HE Q S, et al. Neural network method in parametric probabilistic sensitivity analysis and its application [J]. Chinese Journal of Computational Mechanics, 2011, 28: 29-32.

[51] STEFANOU G, et al. Assessment of spectral representation and Karhunen-Loève expansion methods for the simulation of Gaussian stochastic fields [J]. Computer Methods in Applied Mechanics & Engineering, 2007, 196 (21): 2465-2477.

[52] HURTADO J E, ALVAREZ D A. Neural-network-based reliability analysis: A comparative study [J]. Computer Methods in Applied Mechanics & Engineering, 2001, 191 (1): 113-132.

[53] DENG J, et al. Pillar design by combining finite element methods, neural networks and reliability: A case study of the Feng Huangshan copper mine, China [J]. International Journal of Rock Mechanics & Mining Sciences, 2003, 40 (4): 585-599.

[54] DENG J. Structural reliability analysis for implicit performance function using radial basis function network [J]. International Journal of Solids & Structures, 2006, 43 (11): 3255-3291.

[55] HURTADO J E. Filtered importance sampling with support vector margin: A powerful method for structural reliability analysis [J]. Structural Safety, 2007, 29 (1): 2-15.

[56] ALIBRANDI U. A response surface method for stochastic dynamic analysis [J]. Reliability Engineering & System Safety, 2014, 126: 44-53.

[57] RICHARD B, et al. A response surface method based on support vector machines trained with an adaptive experimental design [J]. Structural Safety, 2012, 39 (4): 14-21.

[58] KRIGE D G. A statistical approach to some mine valuations and allied problems at the witwatersrand [J]. Jama the Journal of the American Medical Association, 2015, 213 (9): 1496.

[59] MATHERON G. Principles of geoestatistics [J]. Economic Geology, 1963, 58 (8): 1246-1266.

[60] GIUNTA A A. Aircraft multidisciplinary design optimization using design of experiments theory and response surface modeling [D]. Blacksburg: Virginia Polytechnic Institute and State University, 1997.

[61] LOPHAVEN S N, et al. Surrogate modeling by Kriging [M]. Denmark: Technical University of Denmark, 2003.

[62] ROMERO V J, et al. Construction of response surfaces based on progressive-lattice-sampling experimental designs with application to uncertainty propagation [J]. Structural Safety, 2004, 26 (2): 201-219.

[63] BICHON B J, et al. Efficient surrogate models for reliability analysis of systems with multiple failure modes [J]. Reliability Engineering & System Safety, 2011, 96 (10): 1386-1395.

[64] JONES D R, et al. Efficient global optimization of expensive black-box functions [J]. Journal of Global Optimization, 1998, 13 (4): 455-492.

[65] ECHARD B, et al. AK-MCS: An active learning reliability method combining Kriging and Monte Carlo simulation [J]. Structural safety, 2011, 33 (2): 145-154.

[66] ECHARD, et al. A combined importance sampling and Kriging reliability method for small; failure probabilities with time-demanding numerical models [J]. Reliability Engineering & System Safety, 2013, 111 (2): 232-240.

[67] HUANG X, et al. Assessing small failure probabilities by AK-SS: An active learning method combining Kriging and Subset simulation [J]. Structural Safety, 2016, 59: 86-95.

[68] CAO T, et al. A hybrid algorithm for reliability analysis combining Kriging and subset simulation importance sampling [J]. Journal of Mechanical Science & Technology, 2015, 29 (8): 3183-3193.

[69] LV Z, et al. A new learning function for Kriging and its applications to solve reliability problems in engineering [J]. Computers & Mathematics with Applications, 2015, 70 (5): 1182-1197.

[70] YANG X, et al. An active learning kriging model for hybrid reliability analysis with both random and interval variables [J]. Structural & Multidisciplinary Optimization, 2015, 51 (5): 1003-1016.

[71] WANG Z, et al. A nested extreme response surface approach for time-dependent reliability-based design optimization [J]. Journal of Mechanical Design, 2012, 134 (12): 121007.

[72] SUN Z, et al. LIF: A new Kriging based learning function and its application to structural reliability analysis [J]. Reliability Engineering & System Safety, 2017, 157 (Complete): 152-165.

[73] JIANG C, et al. A general failure-pursuing sampling framework for surrogate-based reliability analysis [J]. Reliability Engineering and System Safety, 2019, 183: 47-59.

[74] ZHANG Y, et al. A novel reliability analysis method based on Gaussian process classification for structures with discontinuous response [J]. Structural engineering and mechanics, 2020 (6): 75.

[75] LI W Z , et al. A novel structural reliability method based on active Kriging and weighted sampling [J]. Journal of Mechanical Science and Technology, 2021, 6 (35): 2459-2469.

[76] XU H W, et al. An active learning Kriging model with adaptive parameters for reliability analysis [J]. Engineering with Computers, 2022, 3 (22): 1747-1765.

[77] ZHOU J, et al. IE-AK: A novel adaptive sampling strategy based on information entropy for Kriging in metamodel-based reliability analysis [J]. Reliability Engineering and System Safety, 2023: 229.

[78] JAEGER J C. Moving sources of heat and temperature at sliding contacts [J]. Journal of Proceedings Royal Society of New South Wales, 1942.

[79] TOBE T, et al. A study on flash temperatures on the spur gear teeth [J]. Journal of Engineering for Industry, 1974, 96 (1): 78.

[80] WANG K L, et al. A numerical solution to the dynamic load, film thickness, and surface temperatures in spur gears, part I: Analysis [J]. Journal of Mechanical Design, 1981, 103 (1): 177-187.

[81] NADIRPATIR, et al. Prediction of the bulk temperature in spur gears based on finite element temperature analysis [J]. A S L E Transactions, 1979, 22 (1): 25-36.

[82] TOWNSEND D P, et al. Analytical and experimental spur gear tooth temperature as affected by operating variables [J]. Journal of Mechanical Design, 1980, 103 (4): 219-226.

[83] ANIFANTIS N, et al. Flash and bulk temperatures of gear teeth due to friction [J]. Journal of Mechanism and Machine Theory, 1993, 28 (11): 159-164.

[84] HANDSCHUH R F. Thermal behavior of spiral bevel gears [D]. Cleveland, OH: Case Western Reserve University, 1993.

[85] 陈国定，等. 斜齿轮非定常温度场的计算 [J]. 西北工业大学学报，2000，18 (1)：11-14.

[86] 钱作勤，等. ANSYS 在求解点线啮合齿轮稳态温度场中的应用 [J]. 船海工程，1999 (4)：20-23.

[87] 吴昌林，等. 基于热网络的汽车变速箱热分布的有限元分析 [J]. 华中理工大学学报，1998 (6)：84-86.

[88] 马璇，等. 减速器齿轮传动系统的稳态热分析及试验研究 [J]. 西北工业大学学报，2002，20 (1)：32-35.

[89] 张永红，等. 行星齿轮传动系统的稳态热分析 [J]. 航空学报，2000，21 (5)：431-433.

[90] 龙慧，等. 旋转齿轮瞬时接触应力和温度的分析模拟 [J]. 机械工程学报，2004，40 (8)：24-29.

[91] 桂长林，等. 齿轮胶合的计算和试验研究 [J]. 机械工程学报，1995，31 (5)：1-12.

[92] 李绍彬. 高速重载齿轮传动热弹变形及非线性耦合动力学研究 [D]. 重庆：重庆大学，2004.

[93] 李桂华，等. 温度变化对啮合齿轮侧隙的影响 [J]. 合肥工业大学学报（自然科学版），2004，27 (10)：1147-1150.

[94] 李桂华，等. 温度变化对圆柱齿轮齿形的影响 [J]. 机械设计，2005，22 (2)：22-23.

[95] YING S，et al. Analysis of bulk temperature field and flash temperature for locomotive traction gear [J]. Applied Thermal Engineering，2016，99：528-536.

[96] XING C，et al. Analysis of bulk temperature in high-speed gears based on finite element method [C] // 2013 Fourth International Conference on Digital Manufacturing & Automation，Shinan，2013，6：47-55.

[97] WANG Y，et al. Convection heat transfer and temperature analysis of oil jet lubricated spur gears [J]. Industrial Lubrication & Tribology，2016，68 (6)：624-631.

[98] 姚阳迪，等. 高速斜齿轮传动稳态温度场仿真分析 [J]. 机械研究与应用，2009，22 (6)：9-12.

[99] 陆瑞成. 航空发动机齿轮修形研究与接触分析 [D]. 沈阳：东北大学，2012.

[100] WANG H X，et al. Analyzing the influence of temperature on the involute gear profile with ANSYS [J]. Advanced Materials Research，2012，411：174-178.

[101] WANG S，et al. Research on thermal deformation of large CNC gear profile grinding machine tools [J]. International Journal of Advanced Manufacturing Technology，2016，91 (1/2/3/4)：577-587.

[102] 陈允睿. 齿轮热变形对其振动特征的影响研究 [D]. 杭州：中国计量学院，2013.

[103] 吴尘琛. 考虑热变形的齿轮修形方法对其传动特性影响分析研究 [D]. 合肥：合肥工业大学，2015.

[104] WANG Y N，et al. Considering thermal deformation in gear transmission error calculation [J]. Applied Mechanics & Materials，2013，281：211-215.

[105] 王宇宁，等. 基于响应面法和蒙特卡罗法的齿轮热弹耦合接触特性研究 [J]. 机械与电子，2014，2014 (3)：6-10.

[106] 薛建华. 高速重载齿轮系统热行为分析及修形设计 [D]. 北京：北京科技大学，2015.

[107] WANG Y，et al. Investigation into the meshing friction heat generation and transient thermal characteristics of spiral bevel gears [J]. Applied Thermal Engineering，2017，119 (Complete)：245-253.

[108] 吴祚云. 热变形及摩擦对变速器齿轮传动特性的影响分析 [D]. 合肥：合肥工业大学，2015.

[109] SHENG L, et al. On the flash temperature of gear contacts under the tribo-dynamic condition [J]. Tribology International, 2016, 97: 6-13.

[110] 苟向锋，等．考虑齿面接触温度的齿轮系统非线性动力学建模及分析 [J]．机械工程学报，2015，51（11）：71-77.

[111] LIU W, et al. A novel method for gear reducers transient temperature field analysis based on thermo-fluid interaction [C] // International conference on machinery, materials and information technology applications, Qingdao, 2015, 11 (2): 1871-1880.

[112] ZHANG J G, et al. Determination of surface temperature rise with the coupled thermo-elasto-hydrodynamic analysis of spiral bevel gears [J]. Applied Thermal Engineering, 2017, 124: S1359431117316034.

[113] WEI L, et al. Unsteady-state temperature field and sensitivity analysis of gear transmission [J]. Tribology International, 2017, 116: 229-243.

[114] LI W, et al. Thermal analysis of helical gear transmission system considering machining and installation error [J]. International Journal of Mechanical Sciences, 2018, 149: 1-17.

[115] LI W, et al. Analysis of thermal characteristic of spur/helical gear transmission [J]. Journal of Thermal Science and Engineering Applications, 2018, 11 (2): 1-13.

[116] CHEN M, et al. Thermal analysis of the triple-phase asynchronous motor-reducer coupling system by thermal network method [J]. Proceedings of the Institution of Mechanical Engineers, Part D: Journal of Automobile Engineering, 2020, 234 (12): 2851-2861.

[117] ZHOU C, et al. A novel thermal network model for predicting the contact temperature of spur gears [J]. International Journal of Thermal Sciences, 2020, 161 (2): 106703.

[118] OUYANG T C, et al. Numerical investigation of vibration-induced cavitation for gears considering thermal effect [J]. International Journal of Mechanical Sciences, 2022, 233: 107679.

[119] RAO S S, et al. Reliability based optimum design of gear trains [J]. Journal of Mechanical Design, 1984, 106 (1): 17-22.

[120] KIZILASLAN, FATIH. Some reliability characteristics and stochastic ordering of series and parallel systems of bivariate generalized exponential distribution [J]. Journal of Statistical Computation and Simulation, 2018, 88 (3): 553-574.

[121] 孙淑霞，等．基于威布尔分布和极限状态理论的齿轮传动可靠性设计 [J]．组合机床与自动化加工技术，2007（7）：11-13.

[122] AL-SHAREEDAH E M, ALAWI H. Reliability analysis of bevel gears with and without back support [J]. Mechanism & Machine Theory, 1987, 22 (1): 13-20.

[123] 吴波．齿轮可靠性模型及其可靠度计算 [J]．机械传动，1988，12（6）：11-14，43.

[124] NAGAMURA K, et al. Study on gear bending fatigue strength design based on reliability engineering : Prediction of crack propagation and fatigue life of MAC14 supercarburized steel gear [J]. Jsme International Journal, 2008, 37 (4): 795-803.

[125] YANG Q J. Fatigue test and reliability design of gears [J]. International Journal of Fatigue,

1996, 18 (3): 171-177.

[126] YU Z L, et al. The coupled thermal-structural resonance reliability sensitivity analysis of gear-rotor system with random parameters [J]. Sustainability, 2023, 15 (1): 255.

[127] HE X, et al. A study of practical reliability estimation method for a gear reduction unit [C] // A study of practical reliability estimation method for a gear reduction unit. IEEE International Conference on Systems.

[128] PENG X Q, et al. A stochastic finite element method for fatigue reliability analysis of gear teeth subjected to bending [J]. Computational Mechanics, 1998, 21 (3): 253-261.

[129] ZHANG Y M, et al. Practical reliability-based design of gear pairs [J]. Mechanism & Machine Theory, 2003, 38 (12): 1363-1370.

[130] 秦大同，等. 基于动力学的风力发电齿轮传动系统可靠性评估 [J]. 重庆大学学报, 2007, 30 (12): 1-6.

[131] 吴上生，等. 系统参数配置对多级行星齿轮传动可靠性的影响 [J]. 机械设计, 2007, 24 (10): 43-46.

[132] YANG Z, et al. Reliability-based sensitivity design of gear pairs with non-gaussian random parameters [J]. Applied Mechanics & Materials, 2011, 121/122/123/124/125/126: 3411-3418.

[133] LI C, et al. A method of reliability sensitivity analysis for gear drive system [J]. Applied Mechanics & Materials, 2012, 130/131/132/133/134: 2311-2315.

[134] 邓松，等. Finite element analysis of contact fatigue and bending fatigue of a theoretical assembling straight bevel gear pair [J]. Journal of Central South University, 2013, 20 (2): 279-292.

[135] SU C, et al. Reliability sensitivity estimation of rotor system with oil whip and resonance [J]. Advances in Mechanical Engineering, 2017, 9 (6): 1-12.

[136] QIU J, et al. Resonance reliability sensitivity analysis for torsional vibration of gear-rotor systems with random parameters [J]. ASME 2017 International Mechanical Engineering Congress and Exposition, 2017.

[137] LI J, et al. CGAN-MBL for reliability assessment with imbalanced transmission gear data [J]. IEEE Transactions on Instrumentation and Measurement, 2018, 99: 1-11.

[138] CUI D, et al. Reliability design and optimization of the planetary gear by a GA based on the DEM and Kriging model-ScienceDirect [J]. Reliability Engineering & System Safety, 2020, 203: 107074.

[139] MASOVIC R, et al. Numerical model for worm gear pairinspection based on 3D scanned data [J]. International Journal of Simulation Modelling, 2021, 4 (20): 637-648.

[140] LIU G, et al. Polymer gear contact fatigue reliability evaluation with small data set based on machine learning [J]. Journal of Computational Design and Engineering, 2022, 9 (2): 583-597.

[141] ADELI H. Advances in design optimization [M]. Florida: Crc Press, 1994.

[142] HILTON H, et al. Minimum weight analysis based on structural reliability [J]. Journal of Aerospace Sciences, 1960, 27 (9): 641-652.

[143] TU J, et al. A new study on reliability-based design optimization [J]. Journal of Mechanical Design, 1999, 121 (4): 557-564.

[144] WU Y T, et al. Advanced probabilistic structural analysis method for implicit performance functions [J]. Aiaa Journal, 1990, 28 (9): 1663-1669.

[145] YOUN B D, et al. Adaptive probability analysis using an enhanced hybrid mean value method [J]. Structural & Multidisciplinary Optimization, 2005, 29 (2): 134-148.

[146] YOUN B D, et al. Enriched performance measure approach for reliability-based design optimization [J]. Aiaa Journal, 2005, 43 (4): 874-884.

[147] 杨迪雄，等. 概率约束评估的功能度量法的混沌控制 [J]. 计算力学学报，2008，(5): 647-653.

[148] 孟增，等. 基于修正混沌控制的一次二阶矩可靠度算法 [J]. 工程力学，2015 (12): 21-26.

[149] MENG Z, et al. A hybrid chaos control approach of the performance measure functions for reliability-based design optimization [J]. Computers & Structures, 2015, 146 (1): 32-43.

[150] LI G, MENG Z, HU H. An adaptive hybrid approach for reliability-based design optimization [J]. Structural & Multidisciplinary Optimization, 2015, 51 (5): 1051-1065.

[151] LIANG J, MOURELATOS Z P, Tu J. A single-loop method for reliability-based design optimisation [J]. International Journal of Product Development, 2008, 5 (1): 76-92.

[152] DU X, et al. Sequential optimization and reliability assessment method for efficient probabilistic design [J]. Journal of Mechanical Design, 2004, 126 (2): 225-233.

[153] 程耿东，等. 基于可靠度的结构优化的序列近似规划算法 [J]. 计算力学学报，2006 (6): 641-646.

[154] YI P, et al. A sequential approximate programming strategy for performance-measure-based probabilistic structural design optimization [J]. Structural Safety, 2008, 30 (2): 91-109.

[155] ZHANG X, et al. Sequential optimization and reliability assessment for multidisciplinary design optimization under aleatory and epistemic uncertainties [J]. Structural & Multidisciplinary Optimization, 2010, 40 (1/2/3/4/5/6): 165-175.

[156] WANG Q Q, et al. Reliability optimization design of the gear modification coefficient based on the meshing stiffness [J]. AIP Conference Proceedings, 2018, 030015: 1-15.

[157] SUN K, et al. Optimization method of bevel gear reliability based on genetic algorithm and discrete element [J]. Eksploatacja i niezawodnosc-Maintenance and Reliability, 2019, 21 (2): 186-196.

[158] HAMZA F, et al. A new efficient hybrid approach for reliability-based design optimization problems [J]. Engineering with Computers, 2020, 38: 1-24.

[159] GHADERI A, et al. A Bayesian-reliability based multi-objective optimization for tolerance design of mechanical assemblies [J]. Reliability Engineering and System Safety, 2021, 213:

1-12.

［160］ WEI N， et al. Sequential optimization method based on the adaptive Kriging model for the possibility-based design optimization ［J］. Aerospace Science and Technology，2022，130：1-23.

［161］ 夏青，等．可靠性优化方法在飞航导弹多学科设计优化中的应用［J］．弹箭与制导学报，2010，30（1）：40-42.

［162］ 阮旻智，等．人工免疫粒子群算法在系统可靠性优化中的应用［J］．控制理论与应用，2010，27（9）：1253-1258.

［163］ 郑灿赫，孟广伟，李锋，等．一种基于 SAPSO-DE 混合算法的结构非概率可靠性优化设计［J］．中南大学学报（自然科学版），2015（5）：1628-1634.

［164］ XIONG F， et al. A new sparse grid based method for uncertainty propagation ［J］. Structural & Multidisciplinary Optimization，2010，41（3）：335-349.

［165］ 魏鹏飞．结构系统可靠性及灵敏度分析研究［D］．西安：西北工业大学，2015.

［166］ XIU D， et al. High-order collocation methods for differential equations with random inputs ［J］. SIAM J. Sci. Comput.，2005，27（3）：1118-1139.

［167］ YU Z L ， et al. A new Kriging-based DoE strategy and its application to structural reliability analysis ［J］. Advances in Mechanical Engineering，2018，10（3）：1-13.

［168］ 于震梁，等．基于 PC-Kriging 模型与主动学习的齿轮热传递误差可靠性分析［J］．东北大学学报（自然科学版），2019，40（12）：1750-1754.

［169］ 李响铸．基于 ANSYS 软件 PDS 模块机械零件状态函数灵敏度分析［D］．吉林：吉林大学，2008.

［170］ 小飒工作室．最新经典 ANSYS 及 Workbench 教程［M］．北京：电子工业出版社，2004.

［171］ DU X， et al. Sequential optimization and reliability assessment for multidisciplinary systems design ［J］. Structural & Multidisciplinary Optimization，2008，35（2）：117-130.

［172］ 王宇．基于不确定性的优化方法及其在飞机设计中的应用［D］．南京：南京航空航天大学，2010.

［173］ ZHAO， Y G， ONO. A general procedure for first/second-order reliability method （FORM/SORM）［J］. Structural Safety，1999，21（2）：95-112.

［174］ DUBOURG， et al. Meta-model-based importance sampling for reliability sensitivity analysis ［J］. Structural Safety，2014，49（10）：27-36.

［175］ BUCHER， et al. A comparison of approximate response functions in structural reliability analysis ［J］. Probabilistic Engineering Mechanics，2008，23（2）：154-163.

［176］ CAFLISCH R E. Monte Carlo and Quasi-Monte Carlo methods ［J］. Acta Numerica，1998，7（90）：1-49.

［177］ KOUTSOURELAKIS P S， et al. Reliability of structures in high dimensions ［J］. Pamm，2010，3（1）：495-496.

［178］ AU S K， et al. Estimation of small failure probabilities in high dimensions by subset simulation

[J]. Probabilistic Engineering Mechanics, 2001, 16 (4): 263-277.

[179] KLEIJNEN J P C. Kriging metamodeling in simulation: A review [J]. European Journal of Operational Research, 2009, 192 (3): 707-716.

[180] BICHON B J, et al. Efficient global surrogate modeling for reliability-based design optimization [J]. Journal of Mechanical Design, 2013, 135 (1): 011009.

[181] NECHAK L, et al. Sensitivity analysis and Kriging based models for robust stability analysis of brake systems [J]. Mechanics Research Communications, 2015, 69: 136-145.

[182] YANG X, et al. Probability and convex set hybrid reliability analysis based on active learning Kriging model [J]. Applied Mathematical Modelling, 2015, 39 (14): 3954-3971.

[183] GHANEM R G, et al. Stochastic finite elements: A spectral approach [M]. New York: Springer-Verlag, 1991.

[184] XIU D, et al. The Wiener-Askey Polynomial Chaos for stochastic differential equations [J]. SIAM Journal on Scientific Computing, 2002, 24: 619-644.

[185] XIU D, et al. Modeling uncertainty in flow simulations via generalized Polynomial Chaos [J]. Journal of Computational Physics, 2003, 187 (1): 137-167.

[186] KEESE A, et al. Hierarchical parallelisation for the solution of stochastic finite element equations [J]. Computers & Structures, 2005, 83 (14): 1033-1047.

[187] MIGLIORATI G, et al. Analysis of discrete (L^2) projection on polynomial spaces with random evaluations [J]. Foundations of Computational Mathematics, 2014, 14 (3): 419-456.

[188] SARGSYAN K, et al. Dimensionality reduction for complex models via Bayesian compressive sensing [J]. Proposed for Publication in International Journal for Uncertainty Quantification, 2014, 4 (4): 63-93.

[189] ARNOLD T W. Uninformative parameters and model selection using Akaike's information criterion [J]. Journal of Wildlife Management, 2011, 74 (6): 1175-1178.

[190] TENENBAUM J B. Mapping a manifold of perceptual observations [C] // Advances in neural information processing systems, 1998: 682-688.

[191] MACQUEEN J. Some methods for classification and analysis of multivariate observations [J]. Proc. Symp. Math. Statist. and Probability, 1967, 5 (1): 281-297.

[192] ROUSSOULY N, et al. A new adaptive response surface method for reliability analysis [J]. Probabilistic Engineering Mechanics, 2013, 32 (32): 103-115.

[193] GAYTON, et al. CQ2RS: A new statistical approach to the response surface method for reliability analysis [J]. Structural Safety, 2003, 25 (1): 99-121.

[194] 党沙沙，等. ANSYS 12.0 多物理耦合场有限元分析从入门到精通 [M]. 北京：机械工业出版社，2010.

[195] 张朝辉. ANSYS 热分析教程与实例解析 [M]. 北京：中国铁道出版社，2007.

[196] 王新敏. ANSYS 结构分析单元与应用 [M]. 北京：人民交通出版社，2011.

[197] 李树军. 机械原理 [M]. 沈阳：东北大学出版社，2000.

[198] 三机部中模数齿轮标准编制组，北京航空学院四零七齿轮小组. 齿根过渡曲线的分析

[J]. 机械传动，1978：28-41.

[199] 李铁，等. 近炸引信终点弹道虚拟试验技术 [J]. 探测与控制学报，2006，28 (6)：47-50.

[200] CATBAS N, et al. Structural health monitoring and reliability estimation : Long span truss bridge application with environmental monitoring data [J]. Engineering Structures, 2008, 30 (9): 2347-2359.

[201] 李旭红. 高承载能力减速器温度场及散热系数的研究 [D]. 西安，西安理工大学，2000.

[202] 龙慧. 高速齿轮传动轮齿的温度模拟及过程参数的敏感性分析 [D]. 重庆：重庆大学，2001.

[203] 史晓鸣，等. 瞬态加热环境下变厚度板温度场及热模态分析 [J]. 计算机辅助工程，2006，15 (s1)：15-18.

[204] 兰姣霞. 结构非线性热弹耦合振动的理论分析与有限元计算 [D]. 太原：太原理工大学，2002.

[205] ZHAO J, JOHN T D. Dynamic monitoring of steel girder highway bridge [J]. Journal of Bridge Engineering, 2002, 7 (6): 350-356.

[206] 李润方，等. 耦合热弹性接触有限元法及其在齿轮传动中的应用 [J]. 重庆大学学报，1993，16 (1)：96-101.

[207] 王永胜. 基于响应面法和蒙特卡罗法的混凝土结构可靠性分析 [D]. 西安：西安建筑科技大学，2005.

[208] LONG H, et al. Operating temperatures of oil-lubricated medium-speed gears: Numerical models and experimental results [J]. Proceedings of the Institution of Mechanical Engineers Part G Journal of Aerospace Engineering, 2003, 217 (2): 392-393.

[209] HARTNETT J P, et al. The influence of prandtl number on the heat transfer from rotating nonisothermal disks and cones [J]. Journal of Heat Transfer, 1961, 83 (1): 95.

[210] FERNANDES C M C G, et al. Finite element method model to predict bulk and flash temperatures on polymer gears [J]. Tribology International, 2018, 120: S0301679X17305856.

[211] ANDERSON J T, et al. Convection from an isolated heated horizontal cylinder rotating about its axis [J]. Clinical Chemistry, 1953, 57 (5): 710-718.

[212] BECKER K M. Measurements of convective heat transfer from a horizontal cylinder rotating in a tank of water [J]. International Journal of Heat & Mass Transfer, 1963, 6 (12): 1053-1062.

[213] SEGHIR-OUALI S, et al. Convective heat transfer inside a rotating cylinder with an axial air flow [J]. International Journal of Thermal Sciences, 2006, 45 (12): 1166-1178.

[214] LUO B, et al. Influence factors on bulk temperature field of gear [J]. Proceedings of the Institution of Mechanical Engineers, Part J: Journal of Engineering Tribology, 2016, 231 (8): 953-964.

[215] 梁君，等. 模态分析方法综述 [J]. 现代制造工程，2006 (8)：139-141.

[216] 张义民，等．机械振动学基础［M］．北京：高等教育出版社，2010.
[217] 张卫正，等．热应力产生的根源及针对发动机受热件的解决方法［J］．内燃机工程，2002，23（3）：5-8.
[218] 严宗达，等．热应力［M］．北京：高等教育出版社，1993.
[219] 李桂华，等．标准渐开线齿轮热变形时的非渐开特性研究［J］．哈尔滨工业大学学报，2006，38（1）：123-125.
[220] 费业泰．机械热变形理论及应用［M］．北京：国防工业出版社，2009.
[221] PEETERS B，et al. Vibration-based damage detection in civil engineering：Excitation sources and temperature effects［J］. Smart Materials & Structures，2001，10（3）：518-527.
[222] 屈文涛．非常规条件下双圆弧齿轮传动工作能力研究［D］．西安：西北工业大学，2006.
[223] 陆波．基于热弹耦合大功率船用齿轮箱动态特性研究［D］．重庆：重庆大学，2009.
[224]《航空发动机设计手册》总编委会．航空发动机设计手册［M］．北京：航空工业出版社，2001.
[225] ZHAO H，et al. An efficient reliability method combining adaptive importance sampling and Kriging metamodel［J］. Applied Mathematical Modelling，2015，39（7）：1853-1866.
[226] JIAN W，et al. The stepwise accuracy-improvement strategy based on the Kriging model for structural reliability analysis［J］. Structural & Multidisciplinary Optimization，2018（4）：1-18.
[227] 屈文涛，等．基于 ANSYS 的双圆弧齿轮接触应力有限元分析［J］．农业机械学报，2006，37（10）：139-141.
[228] 赵宁，等．基于热弹耦合的双圆弧齿轮接触特性研究［J］．机床与液压，2008，36（1）：37-40.
[229] LEE I，et al. Sampling-based RBDO using the stochastic sensitivity analysis and dynamic kriging method［J］. Structural & Multidisciplinary Optimization，2011，44（3）：299-317.
[230] DU X，et al. Sequential optimization and reliability assessment method for efficient probabilistic design［J］. Journal of Mechanical Design，2003，126（2）：871-880.
[231] CHENG J，et al. Reliability analysis of structures using artificial neural network based genetic algorithms［J］. Computer Methods in Applied Mechanics & Engineering，2008，197（45）：3742-3750.
[232] 刘瞻，等．基于优化 Kriging 模型和重要抽样法的结构可靠度混合算法［J］．航空学报，2013，34（6）：1347-1355.
[233] 文忠武，等．基于序列 Kriging 模型的车身轻量化可靠性优化设计［D］．长沙：长沙理工大学，2015.
[234] JU B H，LEE B C. Improved moment-based quadrature rule and its application to reliability-based design optimization［J］. Journal of Mechanical Science & Technology，2007，21（8）：1162-1171.
[235] 孙志礼，等．一种用于结构可靠性分析的 Kriging 学习函数［J］．哈尔滨工业大学学报，

2017，49（7）：146-151.

[236] WEN Z，et al. A Sequential Kriging reliability analysis method with characteristics of adaptive sampling regions and parallelizability [J]. Reliability Engineering & System Safety，2016，153：170-179.

[237] 肖卉. 结构可靠度优化算法的收敛控制和工程应用 [D]. 大连：大连理工大学，2012.

[238] 柳秀导. 变位齿轮传动总变位系数的选择及分配方法的研究 [J]. 机械，1992（4）：21-23.